失落的
百年幸福经典

造福千万人的幸福宝典

[美]弗洛伦斯·斯科韦尔·希恩◎著

王宇◎译

❤ 中国友谊出版公司

图书在版编目（CIP）数据

失落的百年幸福经典 ／（美）弗洛伦斯·斯科韦尔·
希恩著；王宇译 . -- 北京：中国友谊出版公司，2025.
5. -- ISBN 978-7-5057-6048-6

Ⅰ . B848.4-49

中国国家版本馆 CIP 数据核字第 2025MR3030 号

书名	失落的百年幸福经典
作者	［美］弗洛伦斯·斯科韦尔·希恩
译者	王　宇
出版	中国友谊出版公司
发行	中国友谊出版公司
经销	新华书店
印刷	三河市嘉科万达彩色印刷有限公司
规格	787 毫米 ×1092 毫米　16 开
	11 印张　111 千字
版次	2025 年 5 月第 1 版
印次	2025 年 5 月第 1 次印刷
书号	ISBN 978-7-5057-6048-6
定价	48.00 元
地址	北京市朝阳区西坝河南里 17 号楼
邮编	100028
电话	（010）64678009

如发现图书质量问题，可联系调换。质量投诉电话：010-82069336

目录

人生游戏的成功法则

通往成功的秘密之门

人生游戏的成功法则

第 1 章

人生游戏

很多人将生命视为一场战斗，但我认为生命不是战斗，而是一种游戏。

然而，如果我们不了解心灵的法则，就很难在人生这场游戏中取得胜利。

人类几千年的璀璨文明为我们留下了丰富的人文宝藏。以史明鉴，可以明智。先哲的事迹与话语不仅在他们所属的时代推动着文明的发展，也给生活在当今世界的我们带来精神上的启迪。在我看来，人生游戏的法则蕴藏在人类的集体智慧里，无论古今东西，每个人都可以从中汲取对自己有益的部分，让自己的人生变得更加幸福。

先哲告诉我们，人生就是付出与收获的游戏。"种瓜得瓜，种豆得豆。"这句话的意思是，无论人们说了哪些话，做了哪些事，都会获得相应的结果。一个人付出了什么，他就会收获什么。如果一个人付出仇恨，便会收到仇恨；如果他付出了爱，便会收获爱；如果他批评他人，自己也会受到批评；如果他说谎，别人也会对他说谎；如果他欺骗他人，自己也会受到欺骗。

先哲还告诉我们，富有创造性的想象力在人生游戏中发挥着主导作用。

"你要保守你的心，胜过保守一切，因为一生的果效，是由心发出。"

这句话的意思是，一个人的想象迟早会反映在他的日常生活中。

由此可知，我们必须训练自己的想象力，才能赢得人生这场游戏。我们如果努力训练自己，只去想象事物好的一面，并且在实践中遵循这一原则，努力开拓人生的美好未来，就有机会实现所有正当的愿望，获得健康、财富、爱情和友谊，实现完美的自我和人生的至高理想。

想象力被誉为"心灵的剪刀"，它日复一日地在记忆中修剪着人们所看到的景象。一个人如果想要成功地驯服想象力，就必须理解心灵的机制。正如古希腊箴言所说，"认识你自己"。

心灵由三个部分组成：潜意识、意识和超意识。潜意识只是没有方向的力量。它就像蒸汽或者电流，它的行动需要受到引导。潜意识本身没有引导的能力。无论一个人深刻地感受到了什么，或清楚地想象到了什么，他所感受到的和想象到的内容都会留在潜意识里，并且表现出来。

我认识一位女士，她小时候总是扮作寡妇的模样。她经常穿着黑衣服，戴着一条长长的黑色面纱，大家都觉得她古灵精怪。长大后，她嫁给了深爱的男人。不久，那个男人便死了。之后的很长时间里，她一直穿着黑衣服，戴着长长的面纱。她的寡妇形象深深地印在她的潜意识里，最终成为现实。

意识也被称为人的心灵。意识承载着人的思想，它反映的是生命的表象。意识中有着死亡、灾难、疾病、贫穷和各种消极思想。潜意识影响着意识的表达。

超意识是宇宙的法则在每个人心中的投射，它是完美理念的领域。

在超意识当中存在着柏拉图所说的"完美模式"，即理想的设计。这种理想的设计影响着每一个人。

有一个位置只有你能胜任，其他人都无法胜任。有一些事只有你能完成，其他人都无法完成。

在超意识当中存在着一幅完美的图像。它像一个遥不可及的理想，从意识当中一闪而过。很多人认为，过于美好的事物不可能真实存在。

在现实里，它是闪现在人们面前的真正的命运或终点，它来自人们内心的无限智慧。

然而，许多人不清楚自己真正的命运，他们渴求着不属于自己的东西，即使他们得到这些东西，也只会感到挫败和不满足。

例如，一位女士请我帮她想办法，让她可以嫁给她所深爱的男人（她称他为 A.B.）。

我回答，这么做会违背心灵的法则，但我可以帮助她找到对的人，这样的姻缘将是"理想的选择"，她的另一半是命中注定的对象。

我继续说道："如果 A.B. 就是你命中注定的人，你不会失去他的；如果他不是，你会找到命中注定的对象。"她经常与 A.B. 见面，但他们的友谊并没有进一步发展。有一天晚上，她给我打电话说："你知道吗，上个礼拜我发现我不再喜欢 A.B. 了。"我回答："也许他不是上天的选择，也许你的真命天子另有其人。"不久之后，她遇见了另一个人，那人对她一见钟情，把她视为理想的对象。实际上，他对她说的话正是她曾经希望 A.B. 对自己说的。

她说："这种感觉太神奇了。"

很快，她放弃了 A.B.，回应了那个人的爱。

这就是替代法则。一个正确的理念会替代错误的理念，所以不会给我们造成损失或牺牲。

一位先哲说："你们要先求他的国和他的义，这些东西都要加给你们了。"他所说的国就在每个人的意识中。

先哲所说的"国"是指正确理念的领域，也可称之为理想的模式。

先哲告诉我们，人的言语在人生游戏当中占据着主导地位。"你们因自己的言语称义，也因自己的言语获罪。"

许多人因为漫不经心的言语而给自己招来灾祸。

一位女士曾经问我，为什么她如今过得捉襟见肘。她曾经拥有一个家，家里摆满了精致的物件，她经常因为整理房间而感到疲惫不堪。她总是说："我受够了这些东西，真希望我能住在空箱子里。"如今，她说："现在我确实住在空箱子里了。"她过上了一贫如洗的生活。潜意识没有幽默感，人们的玩笑时常会带来不愉快的体验。

还有一个例子，一位十分富有的女士经常开玩笑说她要"准备好住进救济院"。她一直在潜意识里想象着贫穷的生活。几年之后，她果然变得穷困潦倒。

幸运的是，这条法则是双向的，我们可以将贫穷的状况扭转为富裕的生活。

一位女士在某个炎热的夏日向我请教致富的方法。她筋疲力尽，心灰意冷。她说她的全部身家只有 8 美元，我说："很好，我们会祝福这 8 美元并让它变多，就像故事里的伟人把面包和鱼变多一样。"这个故事告诉我们，每个人都有祝福和增量的能力，每个人都可以治愈伤口，也可以蓬勃发展。人的命运掌握在自己手中。只要我们对美好的生活心怀向往并为之付出不懈努力，我们终将克服困难，达成心中的目标。

她说："接下来我该做什么？"

我回答道："跟随你的直觉。你有什么突然想做的事或想去的地方吗？"直觉就是内心的教诲。它是心灵给我们的指引。在后续章节中，我会更全面地阐述直觉的法则。

这位女士回答道："我不知道。或许我想回家。我只能付得起车票钱。"她的家在一个遥远而又贫穷的城市里，她的理性会告诉她："待在纽约吧，找一份工作来赚钱。"我回答道："既然如此，就回家去吧。永远不要违背自己的直觉。"

我对她说："无限的智慧可以打开财富之门。心灵法则中蕴藏着无限的智慧。在心灵法则的指引下，我们可以跟随内心的渴望，找到属于自己的财富。"我让她一直重复这段话来鼓励自己。她立刻启程回家了。之后的某一天，她拜访了一位女士，并与这位女士的一位老朋友取得了联系。

在这位朋友的帮助下，她通过自己的努力终于赚到了几千美元。她经常对我说："把我的故事告诉大家吧，一个女人曾经带着8美元和一个直觉找到你。是你给了我勇气和信心，让我在绝望时依然能够坚持走下去，终于看到了人生的希望。"

人生之路总是丰富多彩的，充满了各种可能性。我们只有怀着渴望和信念，才能将美好的心愿变为现实。人必须主动迈出第一步。

"你们祈求，就给你们；寻找，就寻见；叩门，就给你们开门。""至于我手的工作，你们可以求我命定。"宇宙的法则永远准备实现人们的需求，无论我们的需求多么琐碎和复杂。

人的每一种渴望都是一种需求，无论我们是否将心中的渴望表达出来，这些需求都有机会被实现。很多人都有类似的经验：内心深处的某个愿望突然以意想不到的方式实现了。

例如，有一年的复活节前夕，我透过花店的橱窗看到了许多漂亮的玫瑰树，我很想拥有一盆玫瑰树。那一刻，我在脑海中看到了我将一盆玫瑰树带回家的场景。

复活节那天，我竟然收到了一盆玫瑰树。第二天，我便向朋友道谢，告诉她这正是我想要的礼物。

她回答："可是我送给你的不是玫瑰树，是百合花啊！"

原来是送货的人弄混了订单，把玫瑰树送到了我家。这只是因为我激活了替代法则，并且我相信自己一定可以拥有一盆玫瑰树。即便不是以这种方式，我最终总能实现心愿。

没有什么能够阻碍一个人实现人生抱负和他心中的所有愿望，除了怀疑和恐惧的负面情绪。如果人们可以放下疑虑，大胆地许愿，并为之付出努力，那么每个愿望都会实现。

心灵法则来源于包含无限智慧的宇宙法则，这些法则可以帮助我们赢得人生这场奇妙的游戏。我会在后续章节中更充分地解释心灵法则的科学原理。我们必须从意识当中消除恐惧。恐惧是心灵法则的对手，也是人类最大的敌人，其中包括对贫穷的恐惧，对失败的恐惧，对疾病的恐惧，对失去的恐惧，以及许多心理层面上的不安全感。哲人说："你们这小信的人啊，为什么胆怯呢？"恐惧是阻碍成功的主要原因，我们必须用正向的信念代替恐惧，因为恐惧只是扭曲的信念，但这种信念只会给我们带来灾难。

人生游戏的目标是认清人性中的善，并从脑海中消灭一切邪恶的景象。为了达成这个目标，人们必须在潜意识中铭记善行得以彰显的景象。一个实现了巨大成就的人曾告诉我，他通过观察挂在房间里的一句标语，立即从意识中消除了所有恐惧。他看到了印在墙上的一行大字："何必担心永远不会发生的事情。"这句话深深地刻在他的脑海里，如今，他坚信自己的生命中只会发生好事。

在下一章中，我将探讨影响潜意识的各种方法。潜意识是人类忠实的仆从，但人们必须谨慎地向它发出正确的指示。每个人的身边永远有一个沉默的聆听者，那就是他的潜意识。

人们的每一个想法、每一句话都深刻地印在潜意识里，并通过丰富的细节加以呈现。这就像歌手在灵敏的唱片上刻录歌声。歌手唱出的每一个音符和每一种音色都会被记录下来，他的咳嗽声和犹豫的瞬间也会被记录下来。所以，让我们打碎潜意识里所有老旧的烂唱片，删去我们不想保留的生活记录，创造美好的新记录吧！

让我们怀着力量与信念，大声说出这段话："现在，我要用话语销毁潜意识里所有不真实的记录。它们将湮灭在虚无中，因为它们来自我心中无谓的想象。现在，我要发自内心地去创造完美的记录，那是关于健康、财富、爱与完美的自我实现的记录。"人生游戏就此达成圆满结局。

在后续章节中，我将展示如何通过改变言语来改变人的状态。如果不了解言语的力量，便会落后于时代。

生死在舌头的权下。

第 2 章

成 功 法 则

每个人都有机会获得成功。语言是一种神奇的力量。语言可以表达思想，也能够帮助我们实现心中所愿。人可以通过语言释放天生的创造力。然而为了达成目标，我们必须对自己说出的话语拥有绝对的信念。

以赛亚①说："我口所出的话决不徒然返回，却要成就我所喜悦的，在我发他去成就的事上。"如今我们知道，言语和思想拥有巨大的震撼力，它们一直在塑造着人类的身体并影响着人们的生活。

一位女士找到我。她很苦恼，因为这个月的 15 日，她即将被起诉

① 以赛亚：古代以色列先知。——如无特别说明，本书注释皆为译者注。

赔偿 3000 美元罚金。她没有办法在短时间之内筹到这笔钱，这令她陷入了绝望。

我告诉她，人的每一种合理的需求都会得到供给，心灵的法则是带来财富与满足感的永恒法则，贫穷和匮乏只是暂时的假象。我们不能被一时的假象所迷惑，放弃继续为实现目标而努力。当我们选择放弃时，才是真正的失败。

于是，我衷心祝愿这位女士能够在合适的时机以正当的方式获得 3000 美元。我对她说，她必须虔诚地相信自己，并且持之以恒地为了目标付出努力。当然，到了 15 日那天，钱仍然没有从天而降。

她打电话给我，问我应该怎么做。

我安慰道："今天是星期六，法院不开庭，他们不能在今天起诉你。所以你还有时间，先不要灰心丧气，想一想还有什么事情是现在的你可以做的。即使暂时想不到办法，也不要沮丧失意，因为消极的情绪只会令我们感到痛苦，无法解决任何问题。如果你还是很难过，就想象自己是有钱人，要相信你可以在星期一之前拥有这笔钱。奇迹只会降临在信念坚定的人身上。"她邀请我共进午餐，因为她觉得和我在一起时她的内心很平静。我在餐厅见到她后，说道："现在省钱已经来不及了。不要顾虑太多，尽情去点你想吃的菜吧。这样可以让你更有自信，相信 3000 美元的问题一定可以解决。"

我告诉她："无论你想实现什么愿望，都要对自己深信不疑，相信愿望终会实现。你的态度要像已经拥有了想要的东西那样从容不迫。"

第二天早晨，她给我打电话，希望我在白天能够陪着她，我说："你从不是一个人，即使我无法到场，我也会为你祝福的。"

那天晚上，她又打电话给我。她兴奋不已地说："我亲爱的朋友，奇迹发生了！今天早晨我正坐在房间里，门铃忽然响起。我担心有人上门催债，就对保姆说：'谁也别放进来。'保姆向窗外看了看，说：'您的表哥来了，留着雪白的长胡子的那个表哥。'

"于是我说：'把他叫回来吧，我愿意见他。'我的表哥走到街角时，听到了保姆的声音，便回来了。

"他和我闲聊了一个小时左右。正准备告辞时，他说：'顺便问一句，你的经济状况还好吗？'

"我告诉他我很缺钱。他说：'表妹，下个月1号我可以借给你3000美元。'

"到那时已经来不及了，但我并不想告诉他我马上就要打官司。直到下个月1号我才能收到这笔钱，但我必须在明天之前就把钱拿到手。我该怎么办呢？"

我说："如果是我，我不会放弃，事情一定还会有转机。我相信你能按时收到这笔钱，我相信宇宙的法则不会迟到。"

第二天，她的表哥给她打电话说："表妹，上午来我的办公室一趟吧，我今天就能把钱给你。"当天下午，她的银行账户里多了3000美元。她迫不及待地签了一张支票，将所欠的钱还给债主，终于避免了被起诉的命运。在此之后，她重新振作起来，用努力工作赚来的钱报答了表哥的善意。

如果一个人渴望成功，却又随时准备好面对失败，那么他真正得到的会是他所准备面对的情况。我见过这样的例子。

曾经有一个人找到我，希望我能帮他想办法免除他的一笔债务。我发现他花了大量时间去准备没钱还债的借口，而他越这么做，就越没有动力还钱。他应该做的，是想象自己还清欠债的景象，并努力把这幅景象变成现实。

一个古老的寓言故事对这种情况进行了深刻的描绘。在沙漠中有三个国王，他们的军队和马匹没有水喝。国王们询问先知以利沙，以利沙给出了惊人的建议：

"你们虽不见风，不见雨，这谷必满了水，使你们和牲畜有水喝。"

人们必须为自己的心愿做好充分的准备，即使他暂时看不到任何实现心愿的可能性。不要忘了，机会往往在意想不到的时刻出现。

我听说过一个这样的例子：纽约人曾经历过一段房源十分短缺的时期。有一位女士需要租一间公寓。在那时，这几乎是不可能的事情。她的朋友为她感到难过，他们说："这简直太糟糕了，你只能住在旅馆里，而且你需要找地方存放家具。"她却回答道："你们不需要为我担心。我拥有超凡的能力，可以找到公寓。"

她对自己说道："无限的宇宙法则，指引我找到合适的公寓吧。"她知道每一种需求都能得到满足。尽管现实中存在着种种制约，但在精神层面上她仍是不受限制的。她相信心灵拥有巨大的潜力，沉浸在消极思想中的人往往会得到消极的反馈，而积极面对生活的人往往会有意想不到的好运。

她想购买一些新的毛毯，但"魔鬼"的声音在她耳边低语道："别买毛毯了，毕竟，如果你找不到公寓，它们可派不上用场。"所幸，消极的情绪并没有影响到她，她立刻对自己说："我要买毛毯，因为我知道自己能够找到公寓！"于是她购置了公寓必需品，她像已经找到公寓那般充满了干劲。最终，她奇迹般地找到了一间公寓。尽管有超过200位申请者在申请这间公寓，她依然成功地住进了理想的家中。

毛毯代表着积极的信念。即使暂时看不到成功的希望，这位女士也没有灰心丧气。积极的信念帮助她渡过了难关。

至于沙漠中的三个国王，毋庸赘述，他们在沙漠里挖掘了沟渠，沟渠中冒出了汩汩清泉，士兵和牲畜都喝到了水。即使身处绝境，希望的甘泉仍在滋润着干渴的心灵。

对普通人来说，想要保持积极的情绪状态并不是一件容易的事情。我们的潜意识中总是源源不断地涌现出怀疑和恐惧的情绪，这些消极情绪为我们增添了许多阻碍。它们是必须被击退的"敌军"。这也解释了为什么"黎明前的黑暗"常常最令人难以忍受。强烈的愿望在实现之前，通常伴随着痛苦的内心挣扎。

在接受了心灵法则之后，人们便会挑战潜意识里的陈腐观念，消极的思想便会暴露出来。

这时候，我们必须反复地确认自己想要的究竟是什么。我们要感激自己已经拥有的一切，并为此深感喜悦。宇宙的法则往往在我们提出要求之前便已经给出了回应。这意味着只要我们承认，就会发现我们早已拥有了完美的礼物。

每个人都只能获得自己认知范围之内的东西。

每一部伟大的作品、每一项巨大的成就，都是通过坚信自己心中所见到的景象而得以实现的。并且，人们在即将实现巨大的成就时，常常会遭遇挫折和失败。

然而，了解心灵法则的人不会被表象所迷惑，即使身陷囹圄依然能够保持乐观。换言之，他会坚持相信自己心中所见到的美好愿景，衷心希望目标得以实现并为之付出不懈的努力，最终会得偿所愿。

一位哲人曾为我们举过一个很好的例子。他对学生们说："你们岂不说，到收割的时候还有四个月吗？我告诉你们：举目向田观看，庄稼已经熟了，可以收割了。"他用清晰的视野穿透了物质世界的表象，他清楚地看见了四维世界，即超越了时间与空间限制的世界。他看到事物的本来面貌，这一切在心灵法则中都是完美且完整的。所以，我们必须永远铭记目的地的景色，感恩自己已经拥有的一切，相信自己迟早可以拥有本应属于自己的美好事物，包括成长、健康、爱、友谊、日常所需、自我实现和家园等。

这些美好的事物都以完美理念的形式保存在我们自身的潜意识当中，我们必须借助自身的力量来实现它们，不能只是期待好运平白无故地降临在自己身上。

有一个人曾向我寻求成功的秘诀。他必须在一定的时间之内筹到 5 万美元作为生意的启动资金。当他在绝望之中找到我时，他所剩下的时间已经不多了。没有人愿意给他的生意投资，银行也断然拒绝为他提供贷款。

我对他说："我猜你在银行发了一通脾气，这就是你感到无力的原因。如果你能控制自己的情绪，你就能掌控任何状况。"

"再去一次银行吧，"我继续说道，"我会帮助你的。"我教给他一个方法，"你要对银行里的每一个人怀有善意，这就是你应有的态度。与人为善，才能得到大家的帮助。"

他回答道："女士，你的方法是不可能的。明天是星期六，银行会在中午 12 点时关门，我的火车 10 点才能到达目的地。明天就是截止日期，他们无论如何都不会帮我的。已经太晚了。"

我回答道："心灵法则的运作不需要很长时间，只要你愿意，此刻你便能做出改变。你的命运掌握在自己手中，一切皆有可能。"我继续说道，"尽管我对做生意一窍不通，但我了解有关心灵法则的一切。"

他犹豫地回答道："现在我坐在这里听你说话，你说的话似乎都很有道理，让我感到很安心。然而当我离开这里之后，一切又会变得很糟糕。"我安慰他道："你为何不尝试照我说的去做呢？给自己一个改变的机会，我相信你可以看到不一样的世界。虽然我无法一直在你身边鼓励你，但我会祝福你获得成功。当你感到愤怒和受挫时，请记住在远方还有一个朋友在牵挂着你。"

他住在一个遥远的城市，接下来的一个星期我都没有听说他的消息。之后我收到一封信，上面写着："你说得对。我筹到了钱，我再也不会怀疑你告诉我的一切真理了。"

几个星期后，我见到了他，我说："你看起来很悠闲的样子，不妨告诉我发生了什么。"他回答道："那天，我的火车晚点了。当我到达银行时，离12点只差一刻钟。我静悄悄地走进银行，想起你的话，我心平气和地对工作人员说：'你好，我来办理贷款手续。'他们便爽快地为我办理了手续。你说得对，当我善待他人时，他人也会善待我。"

尽管当他到达银行时距离截止时间只剩下15分钟，心灵的法则依然没有迟到。个体的力量是有限的，我们很难仅凭自己的力量坚持到底，直到达成心愿。每个人都需要别人的帮助。我们可以从朋友身上汲取力量，帮助我们在困境中依旧保持美好的心灵愿景。这就是一个人能为他人做的事情。

当局者迷，旁观者清。过度执着于自己的事情，往往会产生怀疑和恐惧等负面情绪。这时，我们便会需要朋友从旁提醒我们保持积极的心态。好的朋友或心理治疗师能够清楚地看到成功、健康或财富的愿景。他们从不动摇，因为他们能够以旁观者的立场来看待这一切。

帮助他人实现心愿往往比实现自己的愿望更加容易，所以我们不需要犹豫，如果感到犹豫不决，不妨向他人寻求帮助。

一位满怀热忱观察生活的人曾说过："只要有一个人能够预见你的成功，你就不会失败。"这就是愿景的力量。许多伟大人物的成功都归功于一心一意信任他的妻子、姐妹或朋友，他们始终毫不动摇地为他描绘着完美的景象，支持他一步一步地走向成功！

第 3 章

言语的力量

如果我们知道言语拥有多么强大的力量，那么在讲话时就会变得更加慎重。我们只需要观察言语所带来的反应，就能知道自己所说的话语没有白费。人们通过言语而不断地为自己制定法则。

我认识的一个人经常这样说："我总是错过出租车。每次我刚到，车便开走了。"他的女儿则说："我总能打到出租车。我一到，车便来了。"这种情况持续了很多年。父女二人各自用语言为自己制定了不同的法则，一个是失败的法则，一个是成功的法则。这就是语言给我们造成的心理暗示。

几乎每一种文化里都有一些据说能给人带来好运的物品。在西方文化里，马蹄铁和兔子脚是传统的幸运物。这些幸运物本身不具有魔力，但人们的言语和对好运的信念在潜意识里创造了期待，从而引来了"幸运的状况"。然而，我发现随着人们内心的成长，我们对心灵法则的理解不断加深，对幸运物的迷信就会逐渐失灵。偶像崇拜是一种落后的迷信，我们不能走回头路。

例如，在我的课堂上有两个学生。在过去的几个月里，他们的生意一直很顺利。突然之间，一切都跌入了谷底。我们尝试帮助他们分析形势，我发现他们没有坚定的信念。他们不相信可以凭借自己的努力获得成功与财富，而是各自购买了一只据说能带来好运的猴子玩偶。我说："哦，我懂了，你们相信那只猴子玩偶，却不相信自己。放下那只玩偶吧，与其依赖幸运物，不如从自己的内心寻求力量。每个人都有能力赦免和弥补自己的过错。"

他们决定把能带来好运的猴子玩偶扔进垃圾堆。在那之后，一切都重新回到了正轨。不过，我的意思并不是让大家把家里所有象征好运的装饰品都扔掉，但我们必须认清现实，这些幸运物只是帮助我们建立自信的辅助品。真正的力量不存在于外物上，而在我们自己身上。幸运物只能给人带来一种满怀期待的感觉。

有一天，我和朋友在一起。当时这位朋友的心情很糟糕。令人意外的是，她在过马路时捡到了一块马蹄铁，那一刻她立即感到心中充满了喜悦和希望。她说是上天为了让她重新鼓起勇气而赐予她这块马蹄铁。在这一刻，她的潜意识里只想着这一件事。她的希望变成了信念，带领她走出阴霾。需要注意的是，上面提到的两个人仅仅依赖于猴子玩偶本身，而这位女士则意识到了马蹄铁背后所蕴含的积极暗示。

我通过自身经验得知，我们需要经过很长时间才能摆脱对某件事物会带来不幸的迷信。许多人都会有这样的迷信：只要发生某件事情，就不可避免地会倒霉。我发现只有一个方法能改变这种潜意识，那就是坚定地对自己说："只有一种力量，那就是源于我自身的力量。除非经过我的许可，否则外物无法影响我的情绪。令人失望的事情并不会发生，不仅如此，我还会遇到意外之喜。"改变心态之后，我立即注意到了变化，惊喜开始降临在我身上。

我有一位朋友，她迷信地认为从梯子下面走过会带来不幸，所以无论发生什么情况，她绝不会在梯子下面行走。我告诉她："如果你感到害怕，你就会屈服于迷信而失去坚定的信念。一个梯子能对你造成什么伤害呢？假如因为迷信而束手束脚，恐惧等负面情绪将占据你的内心，使你难以发挥出自己的全部实力。你越感到恐惧，你所恐惧的事物就会变得越可怕；如果你能勇敢面对内心的恐惧，就会发现其实许多可怕的现象只是自己的想象。你下次看见梯子的时候，就从梯子下面走过去吧。"

不久之后，她来到了银行。她想从自己的保险箱中取出一些东西。通道里放着一个梯子。如果不从梯子下走过去，她就没办法打开自己的保险箱。她很害怕，她没有勇气面对这个"拦路虎"，于是只能转身离去。然而，在她来到街上后，我的话语忽然在她的脑海中响起。最终，她决定返回保险库，从梯子下走过去。这是她生命中的重大时刻，对梯子的恐惧已经将她困住了很多年，如今她终于选择直面心中的恐惧。她沿着原路返回了保险库，却发现梯子已经不见了！这种神奇的巧合经常发生。如果一个人有勇气去完成自己害怕的事情，他往往会发现这件事情已经迎刃而解了。这是不争法则在发挥作用，很少有人了解其背后的原理，我们将在下一章中详细阐述不争的法则。

有人曾说过，勇气当中包含着天赋和魔力。如果人们能够勇敢地面对某种危机，这场危机往往可以自行化解。在人生之路中遇到的各种"拦路虎"大多都是这样。

心灵蕴藏着巨大的能量，这股能量随时准备着为我们服务，许多人却对此一无所知，因此心灵的力量只能服务于把命运掌握在自己手中的勇士。语言拥有振聋发聩的力量，人们说出什么样的话语，对于引发结果相当关键。

我们在明白了这个道理之后，便要时刻注意自己的言语。有一个例子，我的一位朋友经常在电话里对我说："你一定要来看我啊，我们像过去那样聊聊吧。"他所说的"像过去那样聊聊"意味着长达一小时的各种消极言论，话题总是围绕着损失、匮乏、失败和病痛展开。

我回答："不了，谢谢你。这些消极的话题我这辈子已经聊得够多了。这样的聊天代价过于昂贵，但我愿意换一种方式与你聊天。我们可以聊聊自己想要的东西，而不是聊我们不想要的东西。"有一句老话说的是，人应当只谈论三个话题——治愈、祝福和繁荣。人们怎样形容别人，别人就会怎样形容他们。人们对他人的祝愿就是对自己的祝愿。

俗话说："善有善报，恶有恶报。"如果一个人经常诅咒别人"倒霉"，那么他一定会给自己引来厄运。如果一个人愿意帮助别人取得成功，那么他也是在帮助自己获得成功。

我们所说的话语和清晰的视野可以帮助我们的身体重获新生。潜意识中的一些病根可能通过话语而被彻底清除。心理治疗师认为所有疾病都有对应的心理状态，要想治愈身体的疾病，必须先抚慰心灵的伤痛。

一些古老诗篇里所说的"灵魂"是指潜意识，我们必须保护潜意识免受错误思想的侵蚀。

一首诗篇写道："他使我的灵魂苏醒。"这句话意味着我们必须用正确的理念来唤醒潜意识或灵魂。"神秘的结合"指的是灵魂与精神的结合，或者说潜意识与超意识的结合。二者必须合为一体。当潜意识中充满超意识的完美理念时，宇宙的法则与人便会和谐共存，达到天人合一的境界。也就是说，人与完美理念的领域化而为一。人被赋予力量，可以主宰世间万物，也可以主宰自己的心灵、身体和生活。积极的心理暗示可以帮助我们更好地发挥主观能动性，实现各种人生目标。

我们可以认为，许多疾病和痛苦都来自对爱的法则的违背。我想送给大家一条新的法则，那就是"彼此相爱"。在人生的游戏里，爱与善意能够识破一切诡计。

医生总是建议我们保持积极乐观的心理状态，这是因为负面情绪会对身体健康产生不良的影响。每一种疾病的背后都隐藏着消极的情绪。我曾经在讲座中提到过："询问别人'你怎么了'根本没有意义，我们不如问别人'是谁让你变成这样的'。"无法宽恕他人对疾病有很大影响。

一天，我前去拜访一位女士。她告诉我她吃了有毒的牡蛎，所以生病了。我回答道："不，牡蛎没有毒，是你给牡蛎下了毒。是谁惹了你？"她回答道："差不多有19个人都惹了我。"她和19个人发生了争吵，剧烈的纷争使她生病。

任何外在的不和谐都暗示着精神的不和谐，"存乎中，形于外"。

人唯一的敌人就是自己。我们所面对的阻力常常源于自身。在这个世界上，我们刚刚开始学习如何去爱，我们最终需要面对的敌人就是自己。先哲曾告诉我们："愿世界得太平，人间持善意。"因此，已经开悟的人总是致力于善待自己周围的人们。他的功课在于自身，他要向身边的每一个人散播善意和祝福。奇妙的是，如果一个人给予他人祝福，对方便没有力量可以伤害他。

有这样一个例子，一个人请求我帮助他获得生意上的成功。他要出售一批机器，他的竞争对手却带来了更高级的机器，我的朋友担心自己的生意会失败。我告诉他："首先，我们必须消除一切恐惧，要知道宇宙的法则总是在保护着你的利益，只要用正当的手段去竞争，你总能赢得属于你的利益。也就是说，适当的人会把适当的机器卖给适当的顾客，一切都是恰到好处的安排。"我继续说道，"不要对你的对手抱有任何不好的想法，反而应当祝福他。如果你的机器不够好，你就要准备好接受失败。"于是，他摒弃了恐惧和嫉妒的消极思想，怀着轻松的心情参加了那场集会，并祝福他的对手。后来他告诉我，结果很成功。对手的机器失灵了，而他的机器更胜一筹，于是他毫不费力地卖出了自己的机器。"只是我告诉你们：要爱你们的仇敌，为那逼迫你们的祝福。"

善意可以创造一股强大的气场来保护心怀善意的人，指向行善之人的武器全都无法伤害他。换言之，爱和善意摧毁了人们内心的敌人，于是外部的敌人自然也随之消失了。

善待他人，便是善待自己。

第 4 章

不争法则

在这个世界上，一个绝对不争的人是无敌的。

中国有一句古语：上善若水。水善利万物而不争，夫唯不争，故无尤。水可以日积月累滴穿岩石，也可以化作巨浪席卷一切。

哲人说："不要以恶报恶。"因为他认为邪恶来自人们徒劳的想象，来自善与恶两种力量的对抗。如果所有人都只相信善的力量，便不会存在需要反抗的恶。用同样的手段对付恶人，并不会使恶人向善，反而在世间制造了更多恶的因果循环。

有这样一个古老的传说：亚当和夏娃原本只能看见善这一种力量，然而他们偷吃了智慧树的果子之后，便看到了善与恶两种力量。

因此，邪恶的概念是人类受到灵魂催眠所创造的一种错误的心灵法则。灵魂催眠的意思是，全人类对罪恶、疾病和死亡的迷信麻痹了人的思维。这些错误的迷信是普通人的思想，人的经历就是自身思维的外化。

我们在前文中提到过：人的灵魂就是潜意识，无论他感受到了哪些深刻的情感，是好的还是坏的，都会通过潜意识这个忠实的仆人得到外化。人的身体和经历反映了他在心中所描绘的景象。病人在心中描绘疾病，穷人在心中描绘贫穷，富人在心中描绘财富。

人们经常说："既然如此，为什么小孩子还会生病呢？孩子的年龄那么小，甚至还不清楚疾病意味着什么，自然不会在心中描绘生病的景象。"

我的回答是：孩子对于周围的人们的思想是很敏感的，他们时常将父母的恐惧外化为现实。

我曾经听到一位心理治疗师说："如果你不能掌握自己的潜意识，别人就会替你控制它。"

母亲在抱着孩子的时候常常担心孩子会生病，无意之间反而把疾病和灾难的景象投射到孩子身上。

有一位女士，她的朋友询问她的小女儿是否得过麻疹。她脱口而出："还没有！"这暗示着她在等待女儿出麻疹，她在为她所不希望发生的事情做心理准备。

然而，有一些人不会受到来自他人的负面想法的影响，他们就是拥有正确思维的人、对他人释放出善意的人和无所畏惧的人。实际上，这样的人只会接收到好的想法，因为他自身只会拥有好的想法。

以恶报恶就是地狱。以恶报恶反而会使人陷入更加痛苦的境地。

一位心理治疗师曾经教给我一个绝妙的方法，它能战胜人生游戏中的所有苦难，那就是极致的不争。他说："我曾经做过为婴儿取名的工作，我给很多孩子起过名字。如今我已不再给孩子们起名了，但我开始给事件命名，并且我会给每个事件起同样的名字。即使我经历了失败，我仍会将它命名为成功！"

由此可知，伟大的转变法则建立在不争的基础上。每一次失败都可以经由我们的言语而转变为成功。

例如，一位女士需要钱，她懂得致富的方法，但她不得不跟一个态度很消极的男人一起做生意。那个男人经常谈论贫穷和限制，这种消极的态度开始影响她，所以她很讨厌这个男人，并把自己的失败归咎于他。她知道为了让财富得以彰显，她首先必须感到自己已经拥有了财富，对财富的渴望总是先于财富的显现。

一天，她突然意识到，自己在抗拒现状。她看到了善与恶两种力量，而不是一种向善的力量。于是她祝福了曾经令自己厌恶的那个男人，并将现状命名为"成功"。她坚定地对自己说道："由于只存在一种向善的力量，这个人出现在我身边一定是对我有益的，尽管看起来似乎不是这样。"在这之后，她很快通过这个男人认识了一位客户，对方给了她几千美元的报酬，而这个男人则搬到了很遥远的城市，自然而然地退出了她的生活。我们可以断言："每个人都是善的黄金链条上的一环。"每个人都是完美理念的显现，等待着他人赋予或自己创造的机会，从而为生命的宏图效劳。

"祝福你的仇敌，便是夺走他的武器。"放弃以恶报恶，敌人的箭矢就会被转化为祝福。

这条法则不仅适用于人际交往，也适用于国际关系。祝福一个国家，对这个国家的人民释出爱和善意，便掌握了建立友好关系的主动权。

只有用心去理解，人们才能正确地认识不争的理念。我的学生们经常说："我不想像门垫一样任人践踏。"我回答："如果你能妥善地运用不争法则，没有人能从你身上踩过去。"

还有一个例子。一天，我正不耐烦地等待着一通重要的来电。我希望别人都不要给我打电话，我也不想打电话给其他人，因为这样可能会干扰我在等待的那通来电。

我没有告诉自己："心灵法则不会相互冲突，这通电话会在恰当的时机打来。"我没有用平常心去看待这件事，反而因为一通电话而焦虑不安。我把它变成了自己的战斗，并一直保持着紧张和焦虑的状态。大约有一个小时，电话铃声一直没有响起，我看了一眼电话，发现听筒坏掉了，这样的电话根本打不通。我意识到自己做了什么，立即开始祝福这个状况。我将现状命名为"成功"，并且断言："庸人自扰是毫无必要的，我不会错过任何一通我应该接到的电话。"

我的朋友冲出去，通知电信公司重新接通线路。

她走进了一家拥挤的杂货店，老板亲自帮她打电话联系电信公司。我的电话立刻接通了，两分钟后，我接到了那通重要的来电。

人生之船行驶在平静的海面上。

当一个人对现状感到抗拒时，他便无法摆脱现状。即使他选择逃离现状，他所逃避的东西仍会紧追不舍。

我曾经把这个道理讲给一位女士，她回答道："你说得太对了！我在原生家庭过得很不开心。我讨厌我的母亲，她总是盛气凌人地指责我，于是我从家中逃走并结了婚。但我的丈夫和我的母亲一模一样，我又要面对同样的处境。"

"尽快与对手达成和解吧。"这意味着，我们要认可不利的处境，不被逆境动摇，逆境就会自行化解。"这一切都无法动摇我。"这是一句很好的自我鼓励的话语。

不和谐的外部状况来自人们内心的不和谐。

当人们对不和谐的状态不再做出情绪上的回应时，不和谐的状态就会从人们的生活中消失。

由此可见，一个人要面对的永远都是自己。

许多人曾向我求助："请帮助我改变我的丈夫吧，请帮助我改变我的兄弟吧。"我回答："不，我会帮你改变你自己。当你发生改变时，你的丈夫和兄弟也会随之发生改变。"

我有一个学生，她经常撒谎。我告诉她谎言会带来失败，如果她对别人撒谎，别人也会对她撒谎。她回答道："我不在乎。如果我不撒谎，我就会浑身不舒服。"

一天，她在给她深爱的男人打电话。她回头对我说："我不相信他，我知道他在撒谎。"我回答道："你自己也在撒谎，所以别人一定也会对你撒谎。可以确定的是，那些对你撒谎的人一定是你最想从他们那里听到实话的人。"过了一段时间，我又遇见了她，她说："我撒谎的毛病已经治好了。"

我问道："是什么治好了你？"

她回答道："我跟一个比我更擅长撒谎的女人住在一起！"

当人们看到他人犯下相同的错误时，往往便会改正自己的错误。

生活是一面镜子，我们总是从同伴身上看到自己的影子。

活在过去是一种失败，也是对精神法则的违背。

哲人说过："看哪，现在正是悦纳的时候，现在正是拯救的日子。"

很多人像传说中的罗德之妻那样，因为回头观望而变成盐柱。

时间的大盗既偷走了过去，也偷走了未来。人应该祝福过去，如果过去束缚着自己，那么便遗忘它吧。人也要祝福未来，因为未来有无尽的快乐在等候着自己。最重要的，是要活在当下。

一位女士曾向我抱怨自己没有钱给朋友们买圣诞礼物。她说："去年的情况与今年完全不同。去年我有很多钱，送给朋友们很多漂亮的礼物，今年我一分钱也没有。"

我回答道："如果你一直活在过去，怨天尤人，就永远不会变得富有。活在当下吧，准备好给朋友们送圣诞礼物。如果你能走出自己的路，金钱就会唾手可得。"她大声说道："我知道该怎么做了！我会买一些包装纸、金线和圣诞纪念邮票。"我回答道："就这么做吧，当你做好迎接礼物的准备之后，礼物自然会出现在包装纸里的。"

她的做法展现了无畏的精神和坚定的信念，尽管消极的想法会认为既然她的财务状况不一定能得到改善，就应该把每一分钱都省下来。

她购买了邮票、包装纸和金色的丝线。在圣诞节的几天前，她收到了几百美元的礼金。

每个人都只能活在当下，"好好把握今天吧！今天是黎明的致敬。"

我们必须保持警觉，等待时机，抓住每一个机会。

用正确的言语开始新的一天是十分有必要的。积极的心理暗示可以带给我们更多动力。

每天醒来时，我们应当立刻用积极的话语暗示自己。

例如，我们可以对自己说："你要做的事情今天便可以完成！今天是完美的一天，对此我心怀感激。奇迹会不断降临，惊喜永不停止。"

养成这个习惯后，我们便会见证奇迹和惊喜降临在自己身上。

到了中午，我收到了一大笔钱，对于这笔钱我早已计划好了特定的用途。

在下一章中，我将列举一些我认为最有效的口号，这些口号可以给我们带来积极的心理暗示。然而，绝不要使用不能令自己完全满意的口号，也不要使用自己并不完全相信的口号。不同的人在使用口号时需要进行调整。

比如，这句口号曾给很多人带来了成功：

"我在美好的一天中完成了美妙的工作，我提供了优质的服务，得到了满意的报酬！"

我把前半句教给了我的一名学生，后半句则是由她自己补充的。

这是一句很有力量的口号，因为完美的服务永远值得完美的报酬。朗朗上口的句子很容易刻在潜意识里。她开始大声重复这句口号来鼓励自己。很快，她在美好的一天找到了一份美妙的工作，她提供了优质的服务，并得到了满意的报酬。

我的另一名学生是一个商人，他把口号里的"工作"换成了"交易"。

他不停地告诉自己："我在美好的一天中完成了美妙的交易，我提供了优质的服务，得到了满意的报酬！"那天下午，他完成了一笔价值4.1万美元的交易。在这之前，他的生意已经连续几个月没有开张了。

每一个能给我们带来积极心理暗示的口号都必须字斟句酌，口号的内容必须足够全面。

例如，我认识一位女士，她的生活很拮据，她迫切需要一份工作。她做过很多工作，但一直没有拿到报酬。如今，她懂得了这个道理："优秀的服务值得拥有令人满意的报酬。"

勉强度日是不够的，每个人都有权利过上富裕的生活！

"他的谷仓应当装满，他杯中的茶水应当满溢！"当人们打破潜意识里的桎梏时，黄金时代便会降临，每一个正当的愿望都将得以实现！

第 5 章

因果法则与宽恕法则

一个人付出什么，便会得到什么。人生游戏是一场回旋镖的游戏。人们的思想和言行迟早会回报在自己身上，结果往往准确得令人惊愕。

这就是因果法则，梵文中的"karma"（因果）一词意为"回报"，也就是中文所说的"种瓜得瓜，种豆得豆"。

一位朋友给我讲述的一段经历恰好可以证明因果法则的作用。她说："我从我姑姑身上体会到了因果。无论我对她说了什么，别人都会对我说同样的话。我在家里的时候脾气很暴躁。有一天，我们正在吃晚餐，姑姑想和我聊天，我说：'别说话了，我想安静地

吃饭。'

"第二天，我和一位女士在一起吃饭，我想给她留下一个好印象，于是我侃侃而谈，她却对我说：'别说话了，我想安静地吃饭。'"

我的朋友很敏锐，所以因果法则在她身上体现得比其他人更快。

一个人知道的知识越多，他所背负的责任就会越大。假如一个人了解心灵的相关法则却不加以实践，那么他会受到严厉的惩罚。"对法的恐惧是智慧的开始。"

人拥有主宰万物的力量，人也拥有选择的权利。人们可以选择向善的道路，并通过自身的努力实现完美的自我。但也有一些人选择为恶，这时因果法则便会发挥作用，为恶的人终将自食其果。聪明而正直的人总是遵纪守法，凭自己的努力去实现心中的目标。由此可见，人的命运终究掌握在自己手中。

这就是宇宙法则所记录的完美人生，人们需要自己去实现它。每个人都可以成为自己眼中的样子，只要不断进取，我们总能实现自己为之奋斗的目标。

有句古语说："如果没有旁观者，什么事情都不会发生。"

我们首先要对自己的成败和喜悲有所认识，然后才会有动力将成功与喜悦变为现实。

哲人说："你们必晓得真理，真理必叫你们得以自由。"

心灵法则的智慧可以让我们从一切不幸的状况里看见自由。

在权威出现之前，便已经有了服从于权威的人们，如果一个人遵守法则，法则也会服务于他。人们必须先遵循用电的法则，电力才能为人所用。如果无视用电法则，就会酿成灾祸。心灵的法则也是如此！

因果法则是可以让所有人满意的。行善避恶是唯一安全的选择。欲望拥有毁灭性的力量。人的欲望如果得不到正确的引导，便会引发灾难。我们在许愿时，最重要的就是第一步——提出合理的愿望。人们永远只能要求得到本应属于他的东西。

奇妙的是，人们一旦放弃私欲，他们的愿望便总能实现，宇宙的法则总是眷顾无私的人。

一位饱受折磨的女士找到了我。她的女儿决定进行一场充满危险的旅行，这位母亲的心中充满了恐惧。

她说她已经用尽一切反对的理由。她列出了女儿在路上可能遭遇的各种危险，并严令禁止女儿去冒险，但女儿的逆反心理却越来越强，态度也更加坚定。我对这位母亲说："你把自己的意志强加在女儿身上，你没有权利这么做。你对这趟旅行的恐惧反而会吸引令你恐惧的事情降临。一个人越是害怕什么，便越会遭遇什么。"我继续说道，"放下执着，松开手吧，你的女儿已经长大了，她可以照顾好自己。你不妨这样想：我会让女儿自己做决定。如果这趟旅行是应当发生的，我便祝福它，不再抗拒它。如果它不是注定的安排，就让它到此为止吧。"

在那之后，又过了一两天，她的女儿对她说："妈妈，我放弃这次旅行了。"她们的生活终于回归了平静。

放下强烈的控制欲并学会"静观其变"对很多人来说是十分困难的。在介绍不争法则时，我已对此进行了更详细的探讨。

还有一个很不寻常的例子也与因果法则有关。一位女士对我说，她在银行取钱时收到了一张 20 美元的假币。她很苦恼，因为她认为在银行工作的人永远不会承认自己的错误。

我回答道："我们来分析一下这个状况，一起弄清楚你是如何让自己陷入这种境地的。"

我说："现在，让我们寻求宽恕法则的帮助，来改善这个状况吧。"

宽恕是文明的根基。宽恕将人们从因果法则当中拯救出来。每个人都有宽恕之心，宽恕可以帮助我们摆脱一切失衡的状况。

于是，我说道："我们寻求宽恕法则的帮助。我们对这位女士受到的恩典表示感激。她不会失去原本就属于她的 20 美元。"

我对她说："现在，回到那家银行，勇敢地告诉那个职员他所犯下的错误吧。"

她听从了我的建议。令她惊讶的是，对方向她道歉，并且十分礼貌地帮她换了一张纸币。

对心灵法则的理解可以让人们有能力改正自己的错误。我们不能改变外在的环境，但可以改变自己。

如果一个人想要致富，他必须首先在自己的意识领域成为一个有钱人。

一位女士曾向我寻求致富的秘诀。她对家务活不太上心，她的家里总是乱糟糟的。

我对她说："如果你想致富，你必须学会整理房间。所有富人都过着条理分明的生活。秩序是心灵的首要法则。"我继续说道，"如果你连破破烂烂的针线盒都不愿意整理，你又怎么可能打理好自己的生活并成为有钱人呢？"

她立即明白了我的意思并开始整理房间。她调整了家具的位置，清理了书桌抽屉，打扫了地毯。很快，她便收到来自亲戚的一笔巨额赠款，她用这笔钱作为本金开启了自己的事业。这位女士的气质从此焕然一新。此后她一直保持着良好的财务状况。她知道自己有能力满足自己的需求，于是她始终对富裕的生活充满期待。

许多人忽略了一个事实，礼物可以是一种很好的投资，囤积却总是导致匮乏。

"有施散的，却更增添；有吝惜过度的，反致穷乏。"

我认识一个人，他想买一件毛皮大衣。他和妻子逛了几家服装店，都没有看到令他满意的衣服。他认为那些毛皮大衣看起来都很廉价。最后，他选中了一件大衣，销售员说这件衣服原本价值 1000 美元，但经理愿意以 500 美元的价格卖给他，因为毛皮大衣已经过季了。

他的全部财产大约有 700 美元。消极的想法会告诉他："你不能把几乎全部的财产花在一件大衣上。"但他做事全凭直觉，从不考虑太多。

于是他对妻子说道："如果我买下这件大衣，我就会更有自信，别人也会更加尊重我，并且我还能有机会接触到更多上流客户。我一定可以赚到很多钱！"妻子不情愿地同意了。

一个月后，他签下了一笔价值1万美元的订单。这件大衣让他变得自信，帮助他打开了成功和财富的渠道。如果没有这件大衣，他也许不会有机会签下这笔订单。这项投资为他带来了高额的红利！

如果人们无视必要的花销和捐赠，而是选择把钱囤积起来，错过了良好的流通与投资机会，那么这笔钱不仅不会增值，反而有可能带来不幸的结果。

一位女士告诉我，在感恩节那天，她告诉家人他们没有钱准备感恩节大餐。但实际上他们完全可以负担这笔开销，只是她想把这笔钱省下来。

几天后，有小偷闯进她的房间，从书桌的抽屉里偷走了一笔钱，而被偷走的钱刚好等于感恩节晚餐的费用。

心灵的法则总是支持那些能够聪明而又大胆地花钱的人。

我的一位学生带着她的小侄子去买东西。孩子吵闹着要买玩具，她对孩子说她买不起那个玩具。这时她突然意识到这么做是匮乏的表现，她应该做的是努力开源，而不是仅仅局限于节流。她要用积极的态度处理问题，于是她买下了那个玩具。之后她很快赚到了一笔钱，金额竟然与购买玩具所花费的钱分毫不差。

只要我们拥有足够的信念，并为美好的生活付出不懈的努力，我们日常所需的来源便永远不会枯竭。古语说："照着你们的信给你们成全。"我们所渴求的一切事物都以坚定的信念作为根基。信念是看不见的力量。信念支撑着我们的愿景，帮助我们消除有害的想象。只要我们怀着坚定的信念并耐心等待时机成熟，总会有所收获。

　　在因果法则之上存在着更高的法则，这个法则就是宽恕的恩典。宽恕法则将人们从因果法则的束缚当中解放出来。"我们在恩典之下，不在律法之下。"宽恕法则打破了冤冤相报的循环，让人们不再是愤怒与仇恨的奴隶。宽恕法则给了我们重获新生的机会。

　　在这个意义上，人们可以收获自己没有播种的果实。天赐的良机降临在人们身上。世间的一切财富都可以为大家所拥有。克服了世俗观点的人们便会迎来无尽的幸福。

　　世俗的观念里总是充满着苦难，但勇敢的人会说："你们可以放心，我已经战胜了世界。"

　　世俗的观念里充满了罪恶、疾病和死亡。拥有智慧的人却可以识破这些表象的虚伪，他知道疾病和忧伤都会结束。

　　如今，我们从科学的角度得知，利用对永恒的青春与无限的生命的信念来刺激潜意识，可以加速细胞的再生。坚定的信念甚至可以帮助人们战胜对死亡的恐惧。

　　潜意识只是一股没有方向的力量，它毫不质疑地执行着人们的命

令。在超意识的指导下，我们可以成为崭新的自我。那时，人们不再
因为死亡的阴影而惶惶不安，每个人都活在当下，成为最好的自我。
文明便是建立在对罪恶的宽恕和对生命的希望之上。

第 6 章

卸下负担，激活潜意识

　　仅仅了解真相还不足以带来令人满意的结果。当一个人了解了自身的力量，熟悉了意识的运作方式时，便会迫切渴望寻找对潜意识进行良性刺激的简单有效的方式。

　　我通过自身的经验找到了一种卸下负担的简单方法。

　　一位心理治疗师曾经这样解释道："地心引力的法则令万物拥有了重量。如果将一块巨石移到外太空，它便会处于失重的状态，这就是哲人所说的'我的轭是容易的，我的担子是轻省的'。"

　　我们常常感觉身上仿佛背负着千斤重担，巨大的压力使我们喘不过气来。我们像西西弗斯那样不断地将巨石推向山顶，再眼睁睁地看着巨石一路滚落到原点，然后不断地重复这项繁重的体力劳动。西西弗斯的重担是永远不会减轻的，但我们却有机会卸下自身的重担，只要我们主动改变看待世界的方式。用积极的态度面对人生的人可以超脱世事的震荡，进入超越时间与空间的领域。那是一个尽善尽美、生机勃勃的领域。

一位智者说过："凡劳苦担重担的人，可以到我这里来，我就使你们得安息。你们当负我的轭……因为我的轭是容易的，我的担子是轻省的。"

超意识负责为维护人类而战斗，从而减轻人们的负担。在这种情况下，如果人依然选择背负起重担，便是对心灵法则的违背。重担指的是有害的思想或状态，这样的思想或状态往往扎根在潜意识里。

潜意识几乎无法从意识或理性当中取得任何进步，因为理性受限于自身的认知能力，并且充满了怀疑和恐惧。所以，将自身的重担交给超意识是一种科学的解决方式。重担在超意识里变得轻微，最终归于虚无。

例如，有一位女士急需用钱，她选择卸下心中的重负，向超意识寻求帮助："我选择主动放下贫穷的负担，我要用自己的努力去实现财富自由！"

她的负担就是对贫穷的执念，她把贫穷的重负抛弃在超意识里，转而相信财富必然降临，最终她果然凭自己的努力拥有了财富。

还有一个例子。我的一名学生得到了一架新的钢琴，但她的工作室里摆不下两架钢琴，除非把旧的钢琴搬出去。她感到很为难。她想留下旧钢琴，却不知道该把它放在哪里。新的钢琴马上就要运来了，却没有空间可以摆放它，她很绝望。这时她忽然灵机一动，反复在心中默念着："我必须放下心中的负担，才能获得自由。"

片刻后，电话铃声响起，一位女性友人问能否租用她的旧钢琴，她欣然同意了。旧钢琴刚被搬走，新的钢琴就运来了。

我认识一位女士，她的负担是仇恨。她告诉我："我在心中放下了仇恨的重担，于是我获得了自由，也得到了爱、和谐和快乐。"多年以来，仇恨一直让她的内心饱受煎熬，直到超意识帮助她放下仇恨，她的心中充满爱，她的整个人生便焕然一新。

我们要一遍又一遍地用积极的话语加深自我暗示，有时这种自我暗示需要持续几个小时。我们可以出声诵读，也可以在心中默念。我们的内心要保持平静，同时意志必须保持坚定。

我经常把这个过程比作手摇留声机的运转。我们必须用恰当的言语来给自己上紧发条。

我发现，一旦卸下心中的负担，人们很快就能变得更加清醒。人在精神饱受折磨时不可能看清自己的处境。怀疑和恐惧荼毒着人们的身心，人们开始不受控制地胡思乱想，从而招来更多灾难和疾病。

这位放下仇恨的女士冷静地重复这句话："我必须放下心中的负担，才能获得自由。"她的视野变得清晰，她感到放松。在这种情况下，好事迟早会降临，她可以拥有自己想要的，无论是健康、快乐还是财富。

有一位学生曾经向我请教"黎明前的黑暗"象征着什么。我在前文中提到过一个事实，在愿望成真之前，似乎一切都不顺利，严重的沮丧遮蔽了人们的意识。这意味着，长期累积的怀疑和恐惧正在从人们的潜意识当中涌出。潜意识里积攒的陈年废物逐渐浮出表面，等待被我们丢弃。

这时，我们应当像犹太国王约沙法那样，尽管被敌人包围，依然敲锣打鼓，感激自己得到了拯救。这位学生继续问道："我们要在黑暗中等待多久呢？"我回答："直到我们可以在黑暗中看见光明。只要放下重负，就能在黑暗中看见光明。"

为了激活潜意识，坚定的信念总是必不可少的。

在这几章里，我一直在努力证明一个观点："没有行动的思想只是一潭死水。"

在一个古老的寓言里，智者吩咐众人坐在地上，拿着七个饼和几条鱼祝谢了，分给众人吃。尽管他们的粮食稀少，但他的行动中蕴含着积极的信念，智者的行为带给大家希望。

还有一个例子也证明了行动的重要性。实际上，积极的行动是桥梁，人们通过行动的桥梁才能抵达美好的应许之地。

一位女士和她所深爱的丈夫因为误会而分居。她的丈夫拒绝与她和好，甚至不愿意与她进行任何形式的交流。

在了解了心灵法则的相关知识后，她不再沉浸在分居的痛苦中，开始用积极的态度面对生活。她这样说道："只要我还爱我的丈夫，我们就不会真正分开。所以，我不可能失去本应属于我的爱和伴侣。"

她怀着坚定的信念，每天吃饭时都在餐桌上为丈夫准备一副餐具。在她的潜意识里只留下丈夫回到自己身边的深刻印象。她不再因丈夫的离去而意志消沉，而是怀着重聚的希望，勇敢地面对新的生活。一年过去了，她的决心依然没有动摇。在她的努力之下，她与丈夫之间的误会终于解开了，丈夫回到了她的身边。

音乐很容易在人的潜意识里留下印象。音乐拥有一种超脱现实的特质，它可以让灵魂得到解放。音乐让美好的事物变得更加真实可信，仿佛唾手可得。

我有一个朋友，她每天都用手摇留声机听音乐。音乐让她置身于无比和谐的情绪里，并释放了她的想象力。

还有一位女士经常在做积极的心理暗示时跳舞。音乐的节奏与和声伴随着舞蹈动作赋予她的言语以巨大的力量。

我们还要记住，不能鄙视"平凡的日常"。在愿望实现之前，我们总会看到一些征兆。

在哥伦布抵达美洲大陆之前，他先是看到了小鸟和树枝，这意味着陆地就在不远处。我们内心的愿望也是如此，但学生们经常把这些征兆错看成愿望的实现，并为此感到失望。

例如，一位女士想要拥有一套新的餐具。不久后，她的朋友送给她一个有缺口的旧盘子。

她对我说："唉，我想拥有一套餐具，但我只得到了一个破盘子。"

我回答："这个盘子只是愿望实现的征兆。这表示你即将拥有属于自己的盘子，把它当成一种信号吧。"不久，她便得到了一套新的餐具。

我们需要不断地用"伪装"来刺激潜意识。如果一个人假装自己是有钱人，假装自己是成功人士，并怀着对财富和成功的向往而努力奋斗，那么在适当的时机，他便会收获自己种下的果实。

孩子们总是喜欢玩过家家的游戏，在游戏里假装扮演另一个人。其实孩子们的游戏也有值得大人借鉴的地方。很多时候，天真纯洁的孩子反而比思虑过重的大人更接近真理。我们如果不改变自己，不变成小孩子的样子，反而会离真理更遥远。

我认识一位女士，虽然她并不富裕，但没有人能够让她觉得自己很贫穷。她从有钱的朋友们那里赚取一笔微薄的薪水，这些朋友总是打击她："你很穷，你应该攒钱。"但她没有听从朋友们的告诫，依然按照自己的需求来花钱，有时她把所有的钱用来买一顶帽子，有时她会花钱给别人买礼物。她总是过得很开心，她所关注的焦点永远是漂亮的衣服和好看的首饰，她只在意美好的事物，专心过好自己的生活，从不嫉妒他人。

她活在一个奇妙的世界里，在她看来自己的生活就是富裕的，她感到心满意足。不久她便嫁给了一位有钱人，好看的珠宝首饰变得唾手可得。我知道即使她没有嫁给一位有钱的丈夫，她也一定会拥有幸福的人生，因为她所关注的只有美好和富裕的生活。

只有消除潜意识里的所有恐惧，才有机会得到幸福和安宁。

恐惧是被误导的能量，我们必须将其引入正轨，或者把恐惧转化为信念。

一位先哲说："你们这小信的人哪，为什么胆怯呢？你若能信，在信的人，凡事都能。"

我的学生们经常问我："我该如何才能摆脱恐惧呢？"

我回答："通过直面你所恐惧的。"

"因为你害怕，狮子才显得可怕。"直面那头狮子，它就会消失。如果你逃跑，狮子就会追上你。我已在前文中指出，如果人们不惧怕贫穷并保持坚定的信念，象征贫穷的狮子就会消失。

我有许多学生通过放下对贫穷的恐惧而摆脱了贫困的枷锁，过上了富裕的生活。

很长时间以来，在消极思想的影响下，人们远离了美好与财富的源泉。有时候，这些错误的观点很难从潜意识里根除，人们需要经历一些重大的事件才能彻底转变思想。

在前文中，我们了解到个体如何通过展现无畏的精神而打破桎梏。

我们应当随时注意观察自己的动机是出于恐惧还是出于信念。如今，我们要选择用恐惧还是信念来指导自己的人生。

如果你害怕的是一些人，就不要回避你所畏惧的人。你要高兴地去见他们，这样一来，他们要么会与你化敌为友，要么会自然地退出你的生活，不会继续给你带来困扰。

如果你害怕疾病或细菌，那么即使身处充满细菌的环境也不要害怕，你要坚信自己是免疫的，因为惶恐不安的精神状态反而会使人的免疫力下降。

当一个人意识到邪恶不具有任何力量时，便会立即获得解放。

物质世界终将面临毁灭，我们能做的就是在俗世里把握现在，过好每一天，享受独属于自己的人生。

"我又看见了一个新天新地，不再有死亡，也不再有悲哀、哭号、疼痛，因为以前的事都过去了。"

第 7 章

爱 的 法 则

这个世界上的每一个人都是在爱中降生的。"我赐给你们一条新命令，乃是叫你们彼此相爱。"奥斯宾斯基（Ouspensky）在《第三工具》（*Tertium Organum*）中写道："爱是宇宙级的现象，它为人类打开了四维世界。"

真爱是无私且无畏的。真爱是自我奉献，不求回报。真爱将付出视为快乐的来源。爱是宇宙法则的表现，是宇宙中最强大的力量。纯粹的、无私的爱吸引着同样的爱来到自己身边，它不需要寻觅，也无须索取。可惜的是，几乎所有人对真爱都一无所知。人的爱充满自私、残暴和恐惧，因此人总是失去他所爱的对象。嫉妒是真爱最大的敌人。

当人们看到爱人受到其他人的吸引时，他们的想象力便会失控。如果对失去所爱的恐惧得不到化解，糟糕的想象最终将变成现实。

一位饱受煎熬的女士曾找到我。她爱的人为了另一个女人而离开了她，他说自己从没有打算娶她。她饱受嫉妒和憎恨的煎熬，她希望对方也能像她一样痛苦。她说："我这么爱他，他怎么可以离开我？"

我回答道："你这么做不是在爱那个人，而是在恨他。"我继续说道，"如果你想得到什么，就必须先付出同样的东西。付出真爱，你就会得到真爱。如果你还爱着他，就将你的真爱付出在这个人身上，给予他完美无私的爱，不去要求回报，不要批评他，也不要谴责他。无论他在哪里，你都要祝福他。"

她回答："不，除非他留在我身边，否则我是不会祝福他的！"

我对她说："哦，这不是真爱的表现。

"当你付出真爱时，真爱也会降临在你身上，即使你得到的真爱不是来自这个男人，也会来自其他人。如果这个男人不是你命中注定的人，你自然会对他失去兴趣。爱与你同在。"

几个月过去了，情况几乎没有什么变化，她的内心依然很纠结。我说："等你不再被他的残酷所影响时，他便不会残忍地对待你了。你内心的感受带来了更多的痛苦。如果你不再把所有注意力都放在他身上，他便没有能力伤害你。"

我告诉她，在印度有一对兄弟，每天早晨他们不会彼此问候"早上好"，而是用这句话代替早安："我向你内心的神性致敬。"他们向每一个人和丛林里的每一只野生动物的神性致敬。他们从未受到过伤害，因为他们在万事万物中都只看到了善的一面。我对她说："向这个人的神性致敬吧，不妨对他说：'我只看到了你的神性。我眼中的你是完美的。'"

她发现自己变得更加从容了，渐渐地，她的心中不再充满憎恨。她爱的人是一名上尉，她总是叫他"长官"。

一天，她突然说："上天，请保佑长官吧，无论他在哪里，无论他是否选择留在我身边。"

我对她说："这就是真爱。当你自身达到了圆满的状态，不再被外界的情形所困扰时，你便会拥有他的爱，或者得到与之同等的爱。"

那段时间我正在搬家，我的新家还没有接通电话，之后的几个星期我们失去了联系。一天早晨，我忽然收到了她的一封信，上面写着"我们结婚了"。

我立即到附近的电话亭给她打了电话。我迫不及待地问道："发生了什么？"

她兴奋地说："发生了奇迹！有一天，在我醒来以后，一切痛苦都消失了。那天晚上我见到了他，他向我求婚。我们一周之内便结婚了。他是我见过的最忠实的伴侣。"

有句老话是这样说的："没有谁是你的敌人，也没有谁是你的朋友，每个人都是你的老师。"

因此，我们要学会保持客观，从每个人的身上汲取经验，很快，我们便能吸取教训并获得自由。

这位女士的爱人在教给她什么是无私的爱，每一个人迟早都要学会这一课。

痛苦并不是成长所必需的。痛苦是违背精神法则的结果，但很少有人能将自己从"灵魂的沉睡"之中唤醒。即使在快乐的时刻，人们有时也会变得自私，忽略他人的感受，这时因果法则就会发挥作用。不懂得珍惜的人经常会遭受损失。

我认识一位女士，她的丈夫很优秀，她却经常这样说："我不喜欢婚后的生活，但这不是在针对我的丈夫。我只是对婚姻生活不感兴趣而已。"

她拥有其他的兴趣，几乎忘记自己还有丈夫。只有在看见他时，她才会想起他。有一天，她的丈夫对她说自己爱上了另一个女人，并离开了她。她怀着沮丧和愤恨找到了我。

我告诉她："这不正是你想要的吗？你对婚姻生活没有兴趣，所以你的潜意识发挥作用，你重新回到了单身状态。"

她说："我明白了。人们想要什么就会得到什么，然而得到后却会受伤。"

她很快彻底接受了现状。她知道，他们分开后，彼此都变得更加快乐了。

当一个女人变得冷漠和挑剔，不再为丈夫提供鼓励时，她的丈夫便会怀念二人早期恋爱时的火花，变得烦躁不安、郁郁寡欢。

一个沮丧而痛苦的男人找到了我，他的妻子热衷于"数字命理学"——一种数字占卜游戏，并且要求他一起占卜。占卜的结果似乎不尽如人意，他说："我的妻子说我注定不会有任何出息，因为我是数字2。"

我回答道："我不在乎你的数字是多少。在完美理念里，你就是完美的，你注定会拥有本就属于你的成功和财富。"

几个星期之内，他便振作起来，找到了一份很好的工作。一两年后，他成为一名杰出的作家。人们只有热爱自己的工作，才能取得事业的成功。一个艺术家最伟大的作品是带着爱意描绘的作品，为了利益而粗制滥造的蹩脚作品总是很快被人遗忘。

蔑视金钱的人永远不会获得财富。许多人之所以贫穷，是因为他们总是说："我视金钱如粪土。我瞧不起那些有钱人。"

这就是许多艺术家之所以穷困潦倒的原因。他们对金钱的蔑视令他们陷入了贫穷。

我曾听到一位艺术家这样形容他的一位同行："他算不上什么艺术家，他有银行存款。"

这样的态度当然不会让人赚到钱。想要得到什么，就要拥有与之相符的心态。

财富是意志的体现，它既不会枯竭，也不会受到限制，但金钱必须永远处于流通之中，并且用于正道。囤积财富只会引来报复。

这并不代表人们不应当拥有房屋、财产、股票和债券，因为"义人的谷仓应当装满粮食"。然而，如果遇到了应当花钱的情况，我们不需要有所保留。金钱的意义在于流通，人应当勇敢并快乐地花钱，这样才能广开财源。

这就是对待金钱的正确态度。世间最大的银行是每个人创造财富的能力，这家银行永远不会倒闭！

我们在电影《贪婪》（Greed）中看到了囤积的例子。女主角中了价值5000美元的彩票，但她不舍得花掉这笔钱。她省吃俭用，把钱存起来，宁愿让自己的丈夫挨饿受苦，最终她只能靠打扫地板为生。

她爱的是金钱本身，她把金钱看得高于一切。一天晚上，她被人谋杀，她的钱也被人抢走了。

这个例子告诉我们：对金钱的贪婪是万恶之源。金钱本身是对人有帮助的，但如果用钱做坏事、恶意囤积或把金钱看得高于爱，财富便会带来灾难，人们也终将失去财富。

如果遵循爱的指引，我们将拥有一切美好的事物，因为爱滋润了我们的心灵。然而一旦踏上自私和贪婪的道路，我们便会远离财富的源泉。

例如，我认识一位很有钱的女士，她一毛不拔，几乎从不给予别人任何东西，只会源源不断地给自己买东西。

她很喜欢项链，一个朋友曾问她拥有多少条项链。她回答道："67条。"她把项链买回来后，便会小心地把项链包在面巾纸里并收藏起来。如果她愿意佩戴这些项链，那么这些项链也算物尽其用，但她的做法违背了物品的使用法则。她的衣柜里装满了她从不穿的衣服，塞满了她从不戴的首饰。

这位女士的双手抓住太多东西，这些东西最终让自己的身体不堪重负。她被诊断为失去自理能力，她的财产也被交给其他人打理。

由此可见，无视法则的人终将造成自我毁灭。

很多疾病与痛苦都来自对爱的法则的违背。仇恨、怨念和批评的回旋镖最终都会打在自己身上，令自己受伤和难过。爱的艺术仿佛已经绝迹，但理解了心灵法则的人知道必须重新学习爱的艺术，因为如果没有爱，人只是"空响的锣和刺耳的钹"。

我有一位学生，她每个月都来找我帮她消除内心的仇恨。一段时间后，她所憎恨的对象只剩下了一个女人，但她对这个女人的仇恨占据了她的内心。她继续尝试一点一点地找回心灵的平衡，终于有一天，她心里所有的怨恨都消失了。

她容光焕发地来到我面前，兴奋地说："你一定体会不到我的感受吧！那个女人对我说了不礼貌的话，但我没有怒不可遏，我的心中充满了爱和善意。我的宽恕反而令她自惭形秽，她便向我道歉了，并且开始用友善的态度对待我。没有人能理解此刻我心中感到多么轻松和愉快啊！"

爱和善意在生意场上也是无价之宝。

例如，一位女士曾向我抱怨她的老板。她说她的老板冷酷无情，总是吹毛求疵。她知道老板对她目前的职位很不满意。

我回答："那么，你应该友好地对待她，唤醒她内心的善意。"

她说："我做不到。她是个冥顽不灵的人。"

我回答道："你还记得那个故事吗？有一个雕刻家想要得到一块大理石，人们问他为什么想要这块石头，他说：'因为这块大理石里藏着一位天使。'最终他用这块大理石雕出了惊人的杰作。"

她说："好吧，我会试一试。"一星期后，她回来了，她告诉我，"我照你说的去做，现在我的老板对我很好，她甚至开车带我出去玩。"

人们有时会后悔自己曾经对他人造成的伤害，这种懊悔可能持续数年之久。如果我们没有机会改正自己的错误，就只能通过善待眼前的人们来弥补过失。

"我只有一件事，就是忘记过去，努力向前。"

悲伤、遗憾和自责撕扯着身体的细胞，毒害着人的精神。

一位女士痛苦地对我说："请让我变得快乐起来吧，悲伤的情绪令我不断迁怒于家人，这么做又会引发更多的业报。"

这位女士因为失去爱女而悲痛万分。我帮助她放下了伤痛，重新找回快乐与爱，并获得内心的平静。

她很快恢复了平衡，她让儿子带话给我，说她不需要继续接受治疗了，因为她现在太快乐了，这种快乐对于失去女儿的母亲来说甚至有些不太体面。

由此可见，人的心灵总是喜欢紧紧抓住痛苦和悔恨。

我认识一位女士，她总是大肆谈论自己遇到的麻烦，因此，她理所当然地总是会遇到很多值得抱怨的麻烦事。

传统观念认为，如果一个母亲不担心自己的孩子，她就不是一个好母亲。

如今，我们知道母亲的担忧反而会给孩子带来许多疾病和危险。因为人们越是感到恐惧，他们所害怕的事情就越容易发生，除非人们用积极的态度化解灾难。

如果一个母亲能安心地照顾孩子，放弃无谓的担忧，她便会成为一个快乐的母亲。

例如，有一位女士在睡梦中突然惊醒，她感觉自己的兄弟正在遭遇危险。她没有因为害怕而惶惶不安，而是开始让自己冷静下来，"我的兄弟受到宇宙法则的保护，他在他应该在的地方"。

第二天，她得知自己的兄弟差点受到矿井爆炸的波及，却奇迹般地逃出生天。

她用爱守护着自己的兄弟。每个人都应该意识到，他所爱的事物得到了至高无上的守护。

"祸患必不临到你，灾害也不挨近你的帐篷。"

"爱里没有惧怕。爱既完全，就把惧怕除去，因为惧怕里含着刑罚，惧怕的人在爱里未得完全。"

"爱是不加害于人的，所以爱就完全了律法。"

第 8 章

相信直觉

对于知晓了言语的力量并遵循直觉指引的人来说，没有什么成就是无法实现的。在恰当的言语鼓励下，人们会采取行动重塑自己的身体并努力改造自己的生活。

因此，选择恰当的言语是极其重要的，心灵法则的学生们应当仔细地选择自己想要实现的心愿。

只要我们肯付出努力，每一种需求都会得到满足，我们所说出的言语释放了我们内心的需求。但我们必须迈出第一步，采取行动来实现自己的愿望。

经常有人问我，如何才能实现心中的愿望。

我回答道："首先你要说出你的心愿，然后不要轻举妄动，直到你找到了明确的线索。"如果想得到线索，就对自己说："为我指引方向吧，让我知道我能做些什么。"

这个问题的答案可能来自直觉，可能来自别人无意间的一句话，也可能来自一本书。答案有时候准确得令人惊讶。比如，一位女士很想得到一大笔钱。她许下了愿望："请为我打开财富之门，让原本属于我的一切回到我的身边，这是我目前迫切需要的。"随后，她补充道，"给我一个明确的线索吧，让我知道应该怎么做。"

她很快便有了灵感，她忽然想到要赠予一位朋友 100 美元，因为这位朋友曾经给了她很大的帮助。她把这个想法告诉了这位朋友，对方说："先不要给我钱，还是等等其他的线索吧。"于是她耐心地等待更多线索。有一天她遇到了一位女士，这位女士对她说："今天我给了别人 1 美元。对我来说，这 1 美元的价值就像你送给别人 100 美元一样多。"

这无疑是一个明确的线索，于是她知道送给朋友 100 美元是正确的决定。这个礼物成了一笔绝佳的投资，不久后，她便通过自己的努力赚到了一大笔钱。

有付出才会有回报。付出打开了财富流通的渠道。什一税是犹太人的古老习俗，把收入的十分之一捐献出去，用于建设公共事业，这样才能确保收入的持续增长，让所有人都从中获益。在美国，许多富有的人一直在践行着什一税的原则，我从没有听说过有谁付出了善意却没有得到任何回报。

人们如果能捐出十分之一的收入用来改善大家的生活，这笔钱经过流通之后最终会带着祝福和更多的利润回到自己手中。但人们必须怀着爱意自愿捐出这笔钱，我们在付账单时也要保持愉悦，我们付出的每一笔钱都应伴随着勇气和祝福。这种心态帮助我们成为金钱的主人。人拥有掌控财富的权力，人的言语可以打开致富的渠道。

如果一个人的视野受到局限，他所能拥有的财富也会受到限制。有时候，一些学生原本有机会获得巨大的财富，却因不敢采取行动而错失良机。

视野和行动必须相辅相成，就像那个购买毛皮大衣的人的例子一样。

一位女士请我帮助她想办法获得某份工作。于是，我帮她分析了她的能力和优势，我们一起探讨了找到合适的工作的方法。永远不要仅仅许愿拥有"一份工作"，而是要自己去寻找合适的工作，每个人都有适合自己的位置。

她为已经拥有的东西而心怀感激。她怀着自信去参加面试，很快，她收到了三份工作邀约，其中两份工作在纽约，另一份在棕榈海滩，她不知道应该选择哪一份。我告诉她："你可以根据明确的线索进行选择。"

做决定的时间就快到了，她依然拿不定主意。一天，她打电话对我说："今天早晨我醒来后，闻到了棕榈海滩的味道。"她曾经去过那里，并记住了海滩的芳香。

我回答道："如果你能够在这里闻到棕榈海滩的气息，这一定就是为你准备的提示了。"她接受了棕榈海滩的工作，并且做出了极好的成绩。

一天，我正在街上散步，突然感觉到一股强烈的冲动，我很想去一两条街之外的某家面包店。

我的理性一直在抗拒这股冲动："那里并没有你想要的东西。"

然而，这时我已经懂得不需要顾虑太多的道理，于是我跟随直觉前往那家面包店。我逛遍了整家店，店里确实没有我想要的东西。走出店门后，我却遇到了一位我很挂念的女士，她正迫切需要帮助，而我刚好可以帮到她。

人们经常在寻找一件事物的过程中发现另一件事物。

直觉是一种心理机制，它不会解释原因，却会指明方向。

人们时常在心理治疗的过程中得到灵感。这些突如其来的念头也许看起来与问题毫不相干，直觉带来的很多线索都是神秘莫测的。

一天，我在讲座上教给学生们有关灵感的知识。一位女士在课后问我："我在听课时突然想到要把家具从储藏室里搬出来，然后搬进一间公寓里。"这位女士想要向我寻求健康相关的建议。我告诉她，当她找到新家以后，健康状况就会得到改善。我还告诉她："你的问题出自郁结在心中的消极情绪，这是因为你总是把东西储藏起来。物品的堆积引发了情绪的压抑。你破坏了物品的使用法则，所以你的身体受到了惩罚。"

于是，我帮她祈求恢复身心的平衡。

人们很少想到自己的日常生活会对身体造成怎样的影响。每一种疾病都有对应的精神状态。一旦我们意识到身体会受到情绪的影响，并随之调整自己的心态，我们的病情有可能立即得到改善。但是，如果继续沉浸在消极的思想里，在心中囤积更多憎恨、恐惧和谴责的情绪，疾病就难以根除。

在古代，人们曾认为所有疾病来自罪恶，先哲在治愈了麻风病人之后，告诫他不要再犯罪，以免遭遇更严重的灾难。

因此，为了永葆健康，人的潜意识必须得到净化并保持纯洁无瑕。心理治疗师永远在潜意识的深处探寻肉体与精神的联系。

智者说："你们不要论断人，就不会被论断；你们不要定人的罪，就不会被定罪。"

许多人擅自定他人的罪，反而为自己寻来了疾病与烦恼。

人们谴责别人身上的缺点时，往往没有注意到自己身上也存在着同样的缺点。

例如，一位朋友带着愤怒与不安向我求助，因为她的丈夫出轨了。她不断地谴责第三者："她知道他已经结婚了，她没有权利接受他的示爱。"

我回答道："别再责怪那个女人了，祝福她并接受这件事吧。否则，你的负面情绪会吸引同样不好的事情发生。"

她对我的话充耳不闻，一两年之后，她自己也深深地爱上了一个有妇之夫。

每当人们谴责和批评他人时，就相当于捡起一条通了电的电线，这条电线不知何时便会电到自己。

优柔寡断是成功道路上的绊脚石。要想克服这个缺点，就要不断对自己说："我要相信自己的直觉，我会尽快做出正确的决定。"

这些话刺激着潜意识，人们很快便会发现自己变得清醒和警觉，可以毫不犹豫地采取正确的行动。我发现考虑得太多是有害处的，许多彼此冲突的念头会干扰人们的判断。

当一个人打开了主观思想的阀门时，便会成为各种毁灭性力量攻击的靶子。有害的想法构成了精神层面的对立。人们既能接收到有益的信息，也能接收到不好的信息。

数字命理学和星座占卜等只关注因果报应的法则，将人局限在世俗的精神层面上。

我认识一个人，根据他的星盘来看，他在几年前就应该去世了，而他不仅仍然健在，还成为美国重要的公民运动领袖，为了公民的进步而不懈努力。可见，我们与其相信天生的"命运"，不如相信自己可以决定自己的命运。

只有强大的意志力才能抵消邪恶预言的影响。学生应当坚定地说："所有虚假的预言都将落空，所有违背心灵法则的计划都将瓦解。"

然而，如果我们听到的是有关幸福或财富的好消息，我们应该对此保持期待。如果我们心怀期待并不懈努力，好消息迟早会成为现实。

人类的意志应当与宇宙的客观规律保持一致。我希望宇宙的意志得以实现，因为其中也蕴藏着我的意志。

宇宙的法则会满足每个人的正当愿望，人们应当怀着坚定的信念，积极地用行动去实现自己的心愿。

要摆脱世俗思想的桎梏的确需要耗费很大的意志力。对一般人来说，沉溺于恐惧比保持坚定的信念要容易许多。因此，坚定的信念是意志力的表现。

精神上得到觉醒的人会意识到任何外在的不和谐都是内心失衡的反映。如果他摔了一跤，他会明白这是他内心惴惴不安的表现。

一天，我的一名学生走在街上，她在心中默默地咒骂着一个人。她想，那个女人真是世界上最讨厌的女人。这时，有三个小男孩突然从街角冲出来，差点把她撞倒。她没有责怪这三个小男孩，而是立即想起了宽恕法则，原谅并祝福了她所厌恶的那个女人。

一个人许下愿望后，就可以开始采取行动实现愿望了。即使情况在表面上看起来似乎很糟糕，实际上是在走向正轨。

一位女士相信她不会失去任何本应属于她的东西，即使暂时失去了什么，她也可以通过自己的努力让失去的东西重新回到手中，如果失去的东西不再回来，她也会得到与之等价的事物。

几年前，她丢失了 2000 美元。她把这笔钱借给了一个亲戚，后来这个亲戚去世了，但她的遗嘱里没有提到这笔钱。这位女士非常愤怒，由于当初她没有立下借钱的字据，现在她没办法要回这笔钱。最终她决定忘记这笔损失，想办法从别的地方把损失的钱赚回来。为此，她必须原谅这个亲戚，因为憎恨和狭隘无法打开财富之门。

她对自己说："我并没有蒙受损失。如果这2000美元是属于我的，我便不会失去它。假如我注定会失去这笔钱，我又何必继续自寻烦恼。"如果一扇门被关上，就去打开另一扇门。

她住在租来的公寓里，房东准备卖掉这间公寓。在租赁合同里写着这样的条款：如果房屋已被出售，房客必须在90天之内搬出公寓。

有一天，房东突然打破了租赁条约，提高了房租。她再一次遭遇了不公正待遇，但这一次，她丝毫没有受到影响。她祝福了房东，并告诉自己："既然房租上涨了，这说明我很快就会变得更有钱，可以负担这笔房租。"

房东写了一份新的合约，却忘记加上如果房屋被售出，房客必须在90天之内搬走的条款。很快，房东找到了愿意买下这间公寓的人，然而由于新的租赁合约里的漏洞，房客们可以继续在这间公寓里住上一年。

房地产中介表示，只要房客们愿意搬出公寓，就能每人得到200美元的补偿金。有几户人家搬走了，最后只剩下3户，其中就包括这位女士。过了一两个月后，中介又来了。这一次，他对这位女士说："如果我们给你1500美元，你愿意搬走吗？"她忽然想起自己曾经损失的2000美元。她与住在这里的其他房客约定过："如果中介提出其他条件，我们要一起商量后再采取行动。"于是她决定与朋友们商量一下。

她的朋友们说："既然他们提出可以补偿 1500 美元，他们肯定会同意给 2000 美元。"就这样，她收到了 2000 美元支票作为搬出公寓的补偿金。这显然是心灵法则的结果，明显不公正的待遇反而为她打开了另一扇财富之门。

这位女士的经历说明损失只是一时的。只要我们保持坚定的信念，迟早会拥有属于自己的一切。

古老的诗句写道："那些年蝗虫所吃的，我要补还你们。"

令人蒙受损失的，正是这些消极的思想。除了自己，没有人能给予自己任何东西；除了自己，也没有人能从自己手中夺走任何东西。

人是宇宙真理的见证者。只有从匮乏中创造财富，用正义回报正义，人才能证明自己存在的意义。

第 9 章

完美的自我实现

　　每个人都有机会实现完美的自我。每个人都拥有独属于自己的位置，这个位置无法被任何人所替代。有些事情是只有我们能够完成的，其他任何人都无法代替我们去完成，那就是人的使命。

　　完美的自我实现是心灵法则的一部分，它一直在等待人们的领悟。想象力是创造的来源，在实现自己的使命之前，我们首先需要看到理想的自我是怎样的。

　　一个人的最高需求就是实现理想的自我。

　　或许他对理想的自我一无所知，某些伟大的天赋可能隐藏得很深。

　　我们可以这样激励自己："让我找到自己的使命吧，让我的天赋得以施展，让我清楚地看到人生的追求。"

人生的追求包括健康、财富、爱和完美的自我实现，这些都是获得幸福的人生要素。几乎每个人在追寻人生意义的旅途中都曾经迷失过方向，如果我们把这些人生要素当作自己的目标，就会发现生活发生翻天覆地的改变。

我认识一位女士，她经历过巨大的人生变动，但她很快调整了节奏，用美好的新生活取代了旧有的人生。

完美的自我实现永远不会是一种负担，它像游戏一样激发着人们的兴趣。我的学生们都知道，每个人在降生于这个世界时就已经拥有了实现完美自我的潜力。

许多天才长期过着贫困的生活，而他们的信念本应帮助他们获得一切生活所需。

某天，在讲座结束后，一名学生给了我 1 分钱。

他说："我的全部财产只有 7 分钱，我要把其中的 1 分钱送给你，因为我相信你说的话。我希望你能祝福我实现人生的意义并获得财富。"

我鼓励了他，直到一年后，我才再一次见到了他。有一天，他兴高采烈地来找我，他的口袋里装满了钞票。他说："得到你的鼓励之后，我在一个遥远的城市找到了一份工作，现在我拥有了健康、幸福和财富。"

在传统社会里，女性很难有机会在公共领域取得事业上的成功，往往只能通过成为完美的妻子、完美的母亲和完美的家庭主妇来实现自我价值。如今，在性别平权意识的影响下，女性可以自主决定人生的意义，并靠自己的力量在自己选择的领域里实现完美的自我。

如果我们怀着坚定的信念，成功之路将变成一片坦途。

心理图像是无法强求的。在探寻人生意义的过程中，我们的脑海中可能会出现各种一闪而过的灵感，也可能看到自己实现了某些伟大的成就。我们必须毫不动摇地坚守这些心理图像。

人们所探寻的事物也在等待着被发现。我们都知道贝尔发明了电话，但电话何尝不是在等待着被人发明出来呢。只要人们有通信的需求，迟早会有人发明出满足这种需求的工具。

父母永远不应该强迫孩子从事某种职业。孩子的天赋可能在童年早期便会显现。许多研究表明，胎教对儿童的成长和发育可能有一定的影响。

在胎教时期，父母便会期待孩子未来能够充分施展自己的潜能，并祝福孩子拥有健康的身心和顺遂的人生。

很多寓言故事中记载的斗争往往是人与消极思想的斗争。"人最大的仇敌就是自己。"每个人都可以是约沙法，传播正确的律法；每个人都可以是大卫，用象征信心的小石子杀死象征消极思想的巨人。

因此，人们必须小心，不要成为埋没自身天赋的罪魁祸首。浪费才能的人将付出巨大的代价。

恐惧这一消极思想经常妨碍人们实现完美的自我。许多天才都因怯场而被埋没。我们可以通过积极的心理暗示和心理治疗来克服这一弱点。在心理治疗中，人们会忘记一切紧张和难过的感受，感到彻底的放松，从而领会到自己天赋的使命。

一个勇敢而又自信的人是充满灵感的，他感觉到内心有一股力量在支撑自己完成工作。

一个小男孩经常和母亲一起来听我讲课，他请我帮助他完成即将到来的考试。

我教他这样鼓励自己："我在平时一直认真地听课和复习，我已经知道了这个学科的所有必要知识，所以我没有必要害怕。我需要做的，就是勇敢地面对考试。"他的历史学得很好，但对算术考试却没有自信。考试结束后，他对我说："我在算术考试前按照你的方法鼓励自己，果然考了高分。但我以为历史考试不需要在意，结果考了很低的分数。"有时候我们过于自信，反而会因为疏忽大意而遭遇挫折。

我的另一名学生便是这样的例子。某年夏天，她去海外旅行。她参观了许多国家，但并不了解那些国家的语言。每时每刻她都需要别人的帮助和指引，而她奇迹般地没有遇到任何障碍。她的行李从没有迟到或丢失，她总能订到最好的酒店，并且无论去哪里，她都能获得体贴入微的招待。回到纽约之后，在熟悉的语言环境里，她的思想开始懈怠，对日常事务也不再用心，于是一切都变得不顺利了。她的行李与其他旅客的行李混在一起，迟到了很久才被运来。

我们必须时刻做好准备迎接生活中的挑战，无论是大事还是小事，我们都要以同样积极的心态去面对。

有时，一件微不足道的小事可能成为人生的转折点。罗伯特·富尔顿通过观察水烧开的过程而设计出了蒸汽船。

我有一名学生，他过于依赖实现目标的某一种方式，不懂得灵活变通，反而走进了死胡同，他的目标也变得难以实现。

心灵能量就像蒸汽、电流等各种形式的能量一样，必须借助合适的引擎或工具才能发挥作用。人体自身就是心灵能量的载体。

智者总是一遍又一遍地告诫人们要沉得住气，学会静观其变。当我们为了一点小事而慌张和焦虑时，消极思想便会乘虚而入，影响我们的意志力，让原本微不足道的损失变得更加严重。如果我们保持沉着冷静，事情往往会有转机。

我们可以从前文所列举的一些例子中看到这一点。当那位女士不再因为失去了 2000 美元而忧心忡忡时，这笔钱就经由房东回到了她的手中。当另一位女士不再为爱情而自我折磨时，她便得到了真爱。

我们的目标是保持身心的平衡。平衡就是力量，它帮助人们吸收心灵法则的能量，从而让我们拥有实现心愿的能力。

身心平衡的人可以保持清晰的思路，并迅速地做出正确的决定，绝不会错失良机。

愤怒会令我们的视线变得模糊，造成毒素在血液内堆积。愤怒是很多疾病的根源，愤怒还会使人做出错误的决定，从而导致失败。

愤怒是最严重的罪恶之一，因为它往往会造成巨大的伤害。

我们发现，恐惧和担忧是致命的罪恶。它们是信念的对立面。恐惧和担忧通过扭曲的精神图像，将人们所恐惧的事物具象化。人们应该做的，是从潜意识里赶走这些敌人。梅特林克①说："无所畏惧的人才是完整的人。人是心怀恐惧的神。"

我们从前几章中看到，只有直面心中所恐惧的事物，才能战胜恐惧。在古老的传说中，约沙法率领军队准备迎敌时，众人毫不畏惧，做好了充分的准备。他们的敌人在自相残杀，约沙法不战而胜。

还有一个例子：有人请一位女士传话给另一位朋友，这位女士不敢替朋友传达这个消息。她的理性告诉她："不要参与这件事当中，不要帮她传话。"

她的精神饱受煎熬，因为她已经做出了承诺。最终，她决定直面心中的恐惧，让心灵法则保护自己。她与那位朋友见了面，把消息告诉了对方，她的朋友说："你不必担心，你所说的那些人已经离开这座城市了。"因此，她的消息也失去了意义。只要她愿意做这件事，其中的危险便消失了。由于她战胜了恐惧，她所担心的问题自然迎刃而解。

一些学生经常因为信念不够坚定而耽误目标的达成。他们应该这样鼓励自己："在完美的理念里，一切都是完整的，因此我的目标也是完整的。我将拥有完美的工作、完美的家庭和完美的健康。"他所要求

---

① 莫里斯·梅特林克（Maurice Maeterlinck, 1862—1949）：比利时剧作家、诗人、散文家，象征派戏剧的代表作家。1911 年获得诺贝尔文学奖。代表作有剧本《青鸟》《盲人》《佩莱亚斯与梅丽桑德》等。

的一切都来自终将实现的完美理念。学生们应该为自己已经拥有的无形财富而感恩，并且积极地采取行动，随时准备好迎接有形的财富。

我的一名学生需要得到一笔钱，她向我请教为什么她的目标至今仍未实现。

我回答道："也许是因为你习惯了半途而废，所以你的潜意识也养成了半途而废的习惯。"

她若有所思地说："我准备回家完成几个星期之前开始的刺绣，我知道这会成为愿望实现的象征。"

她不知疲倦地绣着，那件作品很快便完成了。她以此为契机改变了半途而废的习惯。不久后，她便找到了一份理想的工作，她的生活变得越来越幸福。

你有了一个愿望后，便要坚定地相信自己可以实现这个愿望。通过不懈努力，你一定可以达成心愿。

一些人问我："如果我拥有不同领域的才华，我该专注于其中的哪个领域呢？"这时我们可以向自己的内心寻求答案，哪一种才华最能帮助你实现完美的自我，那便是你应当专注的领域。

我知道有些人在突然转行之后并不具备相关领域的专业技能。这时候，我们可以鼓励自己："我已经准备好面对人生中的挑战了。"勇敢地抓住机会，成功就在眼前。

有些人很擅长给予，却不擅长索取。他们由于骄傲和一些消极的想法而不愿接受别人的好意，自己堵住了一些与他人交流的渠道，最终他们不可避免地发现自己手中什么也没有。例如，有一位女士，她慷慨地捐献了很多钱。然而当有人送给她几百美元的礼金时，她却拒绝接受这笔钱，她说自己并不需要这些钱。很快，她的财政状况出现了问题，她欠了一笔债，债务的金额刚好等同于那笔礼金的数额。人们可以欣然接受他人的馈赠，既然你已经付出了善意，为什么不能坦然接受他人的善意呢？

付出与收获之间总是存在着一个完美的平衡点。尽管人们在付出时不必考虑回报，但如果不接受自己应得的那份报酬，就是对宇宙法则的违背。

永远不要认为一个给予者是贫穷的。

如果有人付出了一分钱，我们不应当说："可怜的人啊，他付不起这一分钱。"在我眼中，他是一个富有的人，他的财富将源源不断。只有慷慨的心态才能带来财富。如果我们以前不擅长接受他人的馈赠，就从现在开始学习如何接受吧。即使别人只给了我们一张邮票，我们也要笑纳，这样才能打开更多财富的渠道。

宇宙的法则偏爱快乐的给予者，也同样偏爱快乐的接受者。

第 10 章

自我否定与自我肯定

智者说："你定意要做何事，必然给你成就。"

人在一生的不同阶段有着不同的目标，这些目标都可以通过人的信念和努力而实现。但人的精力是有限的，我们必须慎重地选择想要实现的目标。选定之后，便要怀着积极的信念努力实现目标。人们经常会在不经意间陷入负面情绪，从而导致失败和不幸。如果我们将有限的精力浪费在消极的事情上，便没有力量去实现梦想了。

我们的首要任务是明确自己的需求，例如想要拥有一个家，想结交朋友或者想拥有其他美好的事物。有了目标之后，就要坚定地付出行动。

我们可以这样鼓励自己："让我找到合适的房子、合适的朋友、合适的工作吧。我拥有实现完美自我的可能性，对此我心存感激，我会以完美的方式得到我想要的东西。"

合理的手段比实现愿望本身更重要。我认识一位女士，她需要1000美元。她的女儿受伤了，于是她得到了1000美元的补偿金。虽然她得到了她所需要的金钱，但她的愿望没有以合理的方式实现。

她应该这样许愿："我希望本应属于我的1000美元能以完美的方式来到我手中。"

随着一个人的财富意识逐渐觉醒，他应该学会怀着坚定的信念，以正当的手段获取本应属于自己的巨大财富。

潜意识的力量是有限的，人不可能拥有超出自己认知范围的东西。为了获得更多财富，人们必须不断开阔自己的眼界。

人们时常给自己的能力设限。例如，一名学生想在某个日期之前拥有600美元。他用辛勤的工作实现了愿望，但他后来才知道，如果他能继续努力，他就可以赚到1000美元。由于他的自我局限性，最终他只得到了600美元。

财富与人的认知能力密切相关，有一个法国传说便是很好的例子。一个穷人走在路上，他遇见了一个旅客。旅客拦住他说："朋友，我看得出你很贫穷。请收下这枚金块吧，卖掉它，你就能一辈子过上富裕的生活了。"

穷人为自己的好运而欣喜若狂，他把金块带回家。很快他找到了工作，赚了很多钱，于是他没有卖掉那枚金块。几年过后，他成了十分富有的人。一天，他走在路上，看见了一个穷人，他对穷人说："朋友，我把这枚金块送给你。如果你把它卖掉，你就能享受一辈子的荣华富贵。"穷人找商人给金块估价，却发现那只是一枚铜块。由此可知，第一个穷人之所以能够致富，是因为他以为那枚铜块是金子做的，他相信自己一定会成为有钱人。

每个人的心中都拥有一枚金块，那就是人对财富的渴望。这种渴望促使人们努力追求财富，从而过上富裕的生活。制定目标便是从旅程的终点开始出发，在人的内心深处，他已经拥有了他想要的东西。

不断地自我激励会在潜意识里坚定成功的信念。

如果一个人的信念足够坚定，便没有必要反复确认。我们不需要苦苦哀求，只需要感恩自己已经拥有的东西即可。

"沙漠也必快乐，又像玫瑰开花。"潜意识就像这片沙漠，等待着盛开的玫瑰。确立目标就是提出要求，对自己的祝福是命令、要求、赞颂和感恩的结合。我们应该做的，是相信自己，并为目标付出不懈的努力，这样一切目标都有可能实现。

抽象的解释总是听起来很容易，然而在面对具体问题时，我们往往会遭遇困难。例如，一位女士需要在有限的时间里获得一大笔钱。她知道自己必须为此付出努力，于是她许愿自己能找到努力的方向。

她在经过一家百货商店时，看到了一个十分精美的粉色瓷釉裁纸刀，忽然感受到一股强烈的吸引力。她想：我刚好缺一把好用的裁纸刀，我可以用它裁开装着支票的信封。

尽管消极思想可能会认为这是一种浪费，她依然买下了这把裁纸刀。当她把裁纸刀拿在手中时，她突然在脑海中看到自己正用它裁开一个信封，信封里装着大额支票。她开始改变消极的心态，主动争取工作的机会。几个星期后，她便赚到了一笔钱。这把裁纸刀就是帮助她坚定信念、走向成功的桥梁。

许多故事都反映了这个道理：当人们的信念足够坚定时，潜意识可以激发出巨大的力量。

有这样一个故事：一个人在一间农舍里过夜，农舍的窗户已经被钉子固定住了。半夜里，他感觉透不过气，于是摸着黑走到了窗边。他打不开窗户，便用拳头打碎了玻璃，让新鲜空气可以进入房间，于是他睡了一个好觉。

第二天早晨，他发现窗户完好无损，原来他打破的是书架上的玻璃。昨晚他感觉自己呼吸到的新鲜空气其实是他想象中的氧气。

当一个学生下定决心时，他就要坚持到底。先哲说过："三心二意的人不要想得到什么。心怀二意的人，在他一切所行的路上都没有定见。"

我有一名学生曾说过一段了不起的话："每当我想得到任何东西时，我都会立场坚定地告诉自己，我绝不会接受不尽如人意的结果，我得到的要比我所期待的更多！"人永远不能妥协。有时候，坚持到底是最难做到的事，许多诱惑使我们半途而废或妥协让步。

宇宙的法则也会为坚持到底的人服务。

我们常常在深夜时迸发灵感，因为夜里人们终于放松下来，不再苦思冥想，潜意识里的心灵法则便能发挥作用。

我们越是缺乏信心和耐心，我们的愿望就越难以实现。

例如，一位女士问我为什么她经常弄丢或者打破自己的眼镜。

我们发现，她经常生气地抱怨："我真想摆脱这副眼镜。"于是，她在无意间许下的愿望以一种极端的方式实现了。她想要的是正常的视力，但她在潜意识里把视力不好所造成的不便都归咎于可以帮助她看清楚东西的眼镜，所以她总是不小心弄丢或打碎自己的眼镜，反而造成了更多的不便。

有两种态度会给人造成损失，一种是轻蔑，就像那个不重视自己丈夫的女士最终与丈夫分开；另一种是对失去的恐惧，因为这种态度在潜意识里留下了失去的画面。

当学生可以放下心中的负担时，他就能瞬间觉醒心灵的力量。

例如，有一位女士在暴风雨的天气里出门，她的雨伞被风吹得翻了过来。她即将去拜访一位初次见面的朋友，她不想给对方留下糟糕的第一印象。由于这把伞是别人的，她不能把伞扔掉，因此，她只能绝望地大喊："告诉我应该怎么做吧！"

过了一会儿，她听见身后有人说："女士，你需要修伞吗？"她转过身，看到了一名修伞匠。

她回答道："我确实很需要。"

对方开始帮她修理雨伞，她走进了朋友家，等她回来后，她的伞已经修好了。人的精神世界也是如此，当我们需要时，总会有一个修伞匠及时出现，用心灵法则弥补内心的创伤。

人应该永远用积极的态度面对生活中的挫折。

例如，有一天深夜，我接到了一通电话，对方是我从未见过的人。他显然病得很严重，我祝福了他："愿你早日恢复健康。病痛是一时的，积极地配合治疗吧。"

宇宙的法则超越了时间和空间的局限，我的祝福没有白费，而是很快发挥了作用。我在欧洲探望了很多病人，鼓励他们用积极的态度战胜病魔，我的祝福立即给他们带来了战胜病魔的勇气。

经常有人问我"看见"和"预见"的区别。"看见"是由理性思维或意识主导的生理机制，"预见"则是由直觉或潜意识主导的心理机制。我们应当训练自己的潜意识，捕捉一闪而过的灵感，通过心灵法则理解宇宙的宏观图像。当一个人对自身的能力有了清晰的认识，可以理解自己的天赋使命时，他的人生便有了新的蓝图。每个人的天赋使命都超越了理性思维的限制，其中总是包含着人生的四个维度：健康、财富、爱和完美的自我实现。很多人在想象中为自己建造了一座小屋，而他本应该建造的是一座宫殿。

如果学生试图用理性思维勉强自己解决问题，他往往会走进死胡同。先哲说："我要按定期速成这事。"有时候，借助直觉的力量去寻找线索，会比漫无目的的尝试更有效率。

我曾经目睹心灵法则以无比惊人的方式发挥作用。例如，一名学生需要在第二天偿还 100 美元的债务，这对她来说十分重要。我安慰她，宇宙的法则从不会迟到，她一定能得到自己需要的东西。

当天晚上，她便打电话告诉我她见证了奇迹。她说她忽然想到应该去银行检查一下放在保险柜里的几份文件。她在浏览文件时，在保险柜的底部找到了一张 100 美元的钞票。她惊呆了。她之前曾经来这里检查过许多次文件，在她的印象里，自己从没有在保险柜里放过钱。这张钞票仿佛是凭空变出来的。但这种情况绝非偶然，就像智者用事先准备好的面包和鱼喂饱了饥民。

精神的慰藉蕴藏着意想不到的能量。安慰剂对治疗疑难杂症的效果已经得到医学界的广泛认可，积极的心态就是一种精神的安慰剂。我看到许多病人只是高呼先贤的名字，病情便得到了缓解。

积极的心态是最重要的心灵法则。每个人的勇气和信念便是自己的救赎。

超我是理想的自我。超我从未经历过失败，也不知道疾病和悲伤为何物。超我既不会诞生也不会灭亡，它赋予每个人重生的机会。

人们应当掌握积极的思维方式。积极思考的人只会在脑海中描绘符合宇宙法则的图像，他怀着坚定的信念，用精妙的笔触描绘美丽的人生。他坚信没有什么力量能破坏他所绘制的完美画卷，一切美好都将在人生中得以实现。

积极的思维方式给予每个人足够的力量，让天堂降临在人间，这就是"人生游戏"的终极目标。

人生游戏的规则很简单，那就是信念、不争和爱。

在此，我祝愿每一位读者都能从长期困扰自己的束缚当中获得解脱，并理解让自己重获自由的真理。愿每一位读者都能无拘无束地实现自己的目标，拥有健康、财富和爱，成就完美的自我。转变思想，就是重获新生。

通往成功的秘密之门

第 1 章

通往成功的秘密之门

许多成功人士经常听到这个问题："你成功的秘诀是什么？"

人们从不会问失败者："你失败的秘诀是什么？"失败的原因总是很容易看明白，人们对此并不感兴趣。

每个人都想知道如何打开成功的秘密之门。

每个人都有获得成功的机会，但机会似乎总是隐藏在重重障碍之后。通过阅读古老的传说，我们知道了耶利哥城陷落的故事。约书亚率领以色列人绕城七日，在第七日，祭司吹响号角，百姓大声呼喊，城墙便塌陷了。

当然，所有古老的传说里都蕴含着深层的寓意。

现在，让我们来谈谈你心中的耶利哥城墙吧。这堵墙将你挡在成功之门外。几乎每个人都在自己心中建了一堵墙。

耶利哥城里拥有稀世珍宝，还有你梦寐以求的成功，你却无法进入这座城。

你在你心中的耶利哥城周围建造了怎样的一堵墙？很多人的城墙是由憎恨组成的，他们憎恨某个人或者某件事。憎恨的城墙挡住了好运。

假如你一事无成却又嫉恨别人的成功，你便为自己堵住了成功之路。

我用这句话来平息嫉妒与愤恨："无论别人拥有什么，都与我无关。如果我也想要同样的东西，便应该靠自己的力量去争取，我有能力得到更多。"

一位女士因为朋友收到了一份礼物而感到嫉妒。她在心中默念这句话，逐渐抛弃了嫉妒心，恢复了平和的心态。有趣的是，当她不再心怀嫉妒时，她便收到了与朋友完全一样的礼物，不仅如此，随后她还收到了另一份礼物。

当以色列的子民高声呼喊时，耶利哥的城墙便陷落了。当你给自己积极的暗示时，你心中的城墙便会动摇。

我将这句话告诉一位女士："匮乏和拖延的城墙已经倒塌了，我进入了应许之地，享受着幸福的人生。"听到我的话后，她仿佛看到自己走过一片塌陷的城墙，这幅画面栩栩如生。她立即开始为了实现这幅美好的画面而努力奋斗。

积极的思想和言语可以为你的日常生活带来良好的变化，因为语言和思想都拥有广泛的影响力。

对工作产生兴趣，享受你正在做的事情，这些都能帮助我们打开成功之门。

几年前，我乘船沿着巴拿马运河前往加利福尼亚演讲。在船上，我遇到了一个名叫吉姆·塔利（Jim Tully）的男人。这些年他一直过着四处流浪的生活。他自称流浪汉之王。他胸怀抱负，找到机会接受了教育。他拥有丰富的想象力，他把自己的经历写成小说。

他对流浪生活进行了戏剧加工，他很喜欢写作，最终成为一名杰出的作家。我记得他有一部作品叫《从外而内》（*Outside Looking In*），已经被改编为电影。

如今，他享有盛名，在好莱坞过着富裕的生活。是什么为吉姆·塔利打开了成功之门？是他对生活的兴趣。他把自己的人生变成了舞台，将流浪的经历发挥出最大的价值。

在船上，我们和船长坐在一起聊天。格蕾丝·斯通（Grace Stone）女士也在场。她是《袁将军的苦茶》（*Bitter Tea of General Yen*）一书的作者，她前往好莱坞是为了把作品拍成电影。她在中国生活过一段时间，并因此获得灵感而写出了这本书。

把你自己正在做的事情以一种有趣的方式介绍给他人，这就是成功的秘诀。首先，你要对自己正在做的事情感兴趣，这样其他人才会对你感兴趣。

热情的性格与友善的微笑也是打开成功之门的秘诀。俗话说，和气生财，脸上没有笑容的人不适合开店做生意。

舍瓦利耶（Chevalier）主演的法国电影《保持微笑》（*With A Smile*）生动地展现了微笑是如何带来成功的。电影中的一个角色一度穷困潦倒，差一点沦为流浪汉。他对舍瓦利耶饰演的主角说："诚实给我带来了什么好处呢？"舍瓦利耶回答："如果你的脸上没有微笑，就连诚实也帮不了你。"于是，这个人从此变得乐观开朗，最终获得了成功。

如果一直沉湎于过去，抱怨自己的不幸经历，便是在自己周围建了一堵厚厚的城墙。

不停地谈论自己的日常琐事会分散自己的专注力，这么做往往会导致失败。我认识一个既聪明又有能力的人，他的人生却是一场彻底的失败。

他与母亲和姑姑住在一起。我发现，每天晚上他回家吃晚餐时，他都会事无巨细地对母亲和姑姑讲述白天在办公室里发生的事情。他滔滔不绝地描述着自己的愿望、恐惧和失败。

我对他说："你的专注力在聊天当中被分散了。不要跟家人讨论你的工作，记住：沉默是金。"

他接受了我的建议，不再在晚餐时讨论自己的工作。他的母亲和姑姑很难过，她们喜欢听他讲述各种琐事，但他的沉默获得了回报。不久之后，他便得到了每周薪水 100 美元的职位。过了几年，他的每周薪水涨到了 300 美元。

成功没有秘诀，成功是一套体系。

许多人都遭遇过沮丧的时刻。勇气和耐力是成功的必备条件。我们从所有获得成功的人身上都能看到这些品质。

我通过一段有趣的经历而注意到了这一点。某天，我和朋友约好在电影院见面。在等候朋友时，一个小男孩站在我旁边售卖电影手册。

他对着来来往往的人群吆喝道："买一份电影手册吧，里面有演员的照片和生平简介。"

大多数人只是默默地从他身边走过。令我惊讶的是，他突然转过身对我说："对于有野心的人来说，这算不上什么挫折！"

随后，他开始谈论起成功之道。他说："大部分人在即将成功之前便放弃了。只有永不放弃，才会成功。"

当然，我对此很感兴趣。我说："我们下次见面时，我会给你带一本书，这本书叫《人生游戏的成功法则》（即本书的上篇），你大概会赞同书中的许多观点。"

一两个星期之后，我带着这本书再度前往那家电影院，把书交给了那个男孩。

售票处的女孩对他说："埃迪，等你卖手册的时候，把书借给我看看吧。"来买票的人也好奇地凑过去瞧着那本书。

"人生游戏"总是能引起人们的兴趣。

又过了三个星期，我回到了那家电影院，埃迪已经不在那里工作了。他找到了一份自己喜欢的新工作。他心中的耶利哥城墙已经倒塌了，因为他没有被挫折击垮。

成功之路是一条笔直而狭窄的道路，需要我们全神贯注地投入心血。

如果你总是忧心忡忡，你担心的事情便很有可能会成为现实。

如果你总是担心自己会过上贫穷的生活，你会越来越贫穷。如果你总是抱怨生活不公，你会经历更多不公正的事情。

约书亚说："他们吹的角声拖长，你们听见角声，众百姓要大声呼喊，城墙就必塌陷，各人都要往前直上。"

耶利哥城陷落的故事有着深层的含义，那就是你的言语拥有清除障碍的力量。

当百姓大声呼喊时，城墙就倒塌了。

我们在民间传说和童话故事里也能看到相同的观点，这些传说和故事都来源于集体潜意识所蕴含的真理：人类的语言可以消除障碍和解决问题。

阿拉伯民间故事集《一千零一夜》中的《阿里巴巴和四十大盗的故事》再一次证明了这个道理，这个故事被改编成电影而广为流传。

阿里巴巴拥有一个秘密的藏身之地，这个地方隐藏在山岩之间。只有一个口诀能打开山洞的入口，那就是"芝麻开门"。

阿里巴巴对着山石大喊"芝麻开门"，石头便向两旁分开了。

这个故事带给我们很大的启发，它让我们意识到只要说出正确的话语，我们所面对的巨石和障碍就会随之瓦解。

因此，让我们告诉自己：象征着贫乏与拖延的墙壁如今已经坍塌，我沐浴着恩典，进入了属于我的应许之地。

第 2 章

没有草料，也能做砖

俗话说，巧妇难为无米之炊。人在一生中经常要面对类似的情况。很多时候，我们不具有实现目标的必备条件，我们的目标仿佛遥不可及。但失败只是暂时的，命运关上一扇门，便会为我们打开另一扇门。目标的实现可以有很多种途径，只要我们怀着坚定的信念和永不言弃的精神，总能找到属于自己的成功之路。

我们要用心灵法则指导自己的言行，用积极的态度去面对人生。

我在前文中提到，对因果法则的敬畏是智慧的起源。当我们知道我们所做的一切都有可能报应在自己身上时，我们便会开始注意自己的言行。

蒙纳汉勋爵（Lord Monyahan）在利兹市举办的讲座中提到，古埃及法老遭受心脏硬化的折磨。蒙纳汉勋爵在幻灯片中展示了大约在公元前 1000 年的一些手术结果，其中包含一张法老的遗体解剖记录。

"从近期制作的心脏切片可以看出，这条心脏血管的保存状态非常好。这条古老的血管与现代人的血管相比几乎看不出任何区别。这两颗心脏都患有动脉粥样硬化，这种疾病是由钙盐在血管壁的堆积而造成的，血管因此变得僵硬并失去弹性。"

心脏的供血不足导致了血管硬化。伴随着动脉硬化这一生理症状的是法老精神状态的恶化。他变得心胸狭隘、故步自封，并失去了进取心。

这件发生在几千年前的事情对如今的我们仍有启发。

怀疑和恐惧让我们变成了奴隶。面对一个看起来毫无希望的处境时，我们可以做什么呢？

如果没有路，就自己闯出一条路。

消极思维就像一个暴君，它残酷地统治着我们的意识。它不断地打击着你："有什么用呢？这件事情永远不可能完成！"

我们必须用积极的态度来对抗这些消极的思想。

例如，当消极情绪降临时，我们可以这样告诉自己："意想不到的事情总会发生，看起来不可能实现的好事如今就要降临在我身上了。"每当我们发现自己开始意志消沉时便要及时打住，转而用积极的态度面对眼前的困难，长此以往，就可以逐渐打破消极态度的影响。

"意想不到的事情总会发生。"幸运是消极思想所无法理解的概念，但幸运不仅存在，还时常在我们最意想不到的时刻降临。

一首诗写道："你的命令常存在我心里，使我比仇敌有智慧。"我们心中的怀疑、恐惧和担忧就是我们的仇敌。

让我们尝试想象摆脱压迫、获得永久的自由时所感受到的喜悦吧。我们要在潜意识里牢记安全、健康、幸福和富裕的概念，这些积极的概念可以帮助我们解除人生中的制约。

我经历的一件事恰好反映了因果法则是如何发挥作用的。我曾经参加过一场聚会，人们在玩一个游戏，胜出者可以获得一件礼物———一把精美的扇子。

在场的客人当中有一位富有的女士，她已经拥有了一切她想要的东西。她的名字叫克拉拉。一些境遇不如她的人嫉妒她，他们聚在一起嘀咕道："我们希望克拉拉不要赢得那把扇子。"当然，克拉拉还是赢了。

她那无忧无虑的精神状态产生了积极的磁场，与财富形成了共振。嫉妒和憎恨却会让幸运的电流短路，使人无法得到想要的奖品。

如果你的心中恰好充满了嫉妒和愤恨的情绪，就对自己说：别人拥有的东西我迟早也会拥有，并且我能拥有更多！

只要改变不良心态，幸运和财富便会降临。

除了你自己之外，没有人能给予你任何东西，也没有人能从你手中夺走任何东西。"人生游戏"是以你为主角的单人游戏，只要你做出改变，一切条件也会随之发生改变。

让我们再看看法老的专制统治吧，没有人会喜欢一个暴君。

我还记得很多年前认识的一位朋友，她的名字叫莱蒂。莱蒂的父亲很有钱，他为莱蒂母女提供食物和衣服，却从不给她们购买生活必需品之外的东西。

我和莱蒂一起念艺术学校。学校里的所有学生都会购买著名画作的复制品，为家里增添一些艺术气息。

莱蒂的父亲认为所有装饰品都是废物。他总是说："别把废物带回家里。"

因此，她的书房墙上没有任何艺术装饰品，她过着没有色彩的生活。

莱蒂的父亲经常对她们母女说："等我死了，你们俩就会好过。"

所有艺术生都会去国外修学旅行。一天，有人问莱蒂："你什么时候去国外呢？"

她高兴地回答："等爸爸死了，我就可以去了。"

由此可见，人们总是期待着从贫穷和压迫中得到解放。

现在，让我们从消极思想这个暴君手中解放自己吧。我们曾经是怀疑、恐惧和忧虑等消极思想的奴隶，让我们带领自己走出奴役之家吧。

我们要找出给我们带来压迫的消极思想，找出问题背后的"关键"

所在。

在春天，伐木工人利用河水运输原木。有时，这些原木相互交叉，堵住了河流，工人便会找出是哪块木材造成了拥堵（他们称之为"关键"）。等工人把这块关键的木材取出来之后，其他木材就能继续顺流而下了。

也许你的"关键"是憎恨，憎恨挡住了你的好运。

你越是感到憎恨，你所憎恨的对象就会越来越多。憎恨深深扎根在你的脑海中，使你习惯性地用憎恨来表达情绪。

人们会逐渐远离你，你每天都会丧失许多绝佳的机会。

我记得，在几年之前，街上到处都是卖苹果的小贩。为了抢占街角的好位置，他们每天都要很早起床去占位子。

有几次，我在经过公园大道时总能看见一个卖苹果的小贩。他脸上的表情令人极度不悦。他对着来来往往的人群吆喝着："卖苹果！卖苹果！"但一直没有人愿意停下来买他的苹果。

我买了一个苹果，对他说："如果你不改变脸上的表情，你很难卖出更多苹果的。"

他回答道："唉，那个人抢走了我的好位置。"

我说："别在意什么好位置，如果你的表情很友善，你可以在任何位置卖出很多苹果。"

他说："好吧，女士。"我便离开了。第二天我又见到他，他的整个态度都变了。他开始面带微笑，果然他在那一天卖出了很多苹果。

找出你的"关键"吧，也许你会找到不止一处关键所在。在那之后，属于你的成功、幸福和财富便会降临。

现在你们去作工吧！即使没有草料，砖也可以如数缴纳。

第 3 章

未雨绸缪

今天，我想聊一聊有关拿着灯的少女们的寓言。"其中有五个是愚拙的，五个是聪明的。愚拙的拿着灯，却不预备油。聪明的拿着灯，又预备油在器皿里。"这个寓言告诉我们未雨绸缪的重要性，真正的智者是有准备的人。

这个寓言告诉我们，为迎接好运而做好准备是信念坚定的表现，只有做好准备的人才能实现自己的愿望。

我们可以这样理解这个寓言故事想传达给我们的哲理：如果你想实现自己的目标，就必须保持坚定不移的意志。在你有了目标之后，你也必须为达成目标而付出行动。

没有行动的空想永远无法撼动高山。当你坐在安乐椅中静静沉思时，你的脑海中充满了对真理的惊叹，你感觉自己的信心永远不会发生动摇，你知道自己的需求一定会得到满足。你感到好运会帮你抹除一切债务并消除所有阻碍。然而，当你从安乐椅中站起来，走进人生的竞技场时，才会发现只有付出努力，才会有所收获。

没有行动的信念只是一潭死水。我想用一个例子来解释这条未雨绸缪的法则是如何发挥作用的。

我有一个学生，他很想出国旅行，于是他许下了一个愿望：希望我能拥有一场完美的旅行，并且旅行中的一切都很顺利。他囊中羞涩，但他知道未雨绸缪的道理，所以提前购买了一个行李箱。这个行李箱的色彩十分鲜艳，中间缠着一条红色的绑带。每当看到这个箱子，他便有了即将踏上旅程的真实感。

一天，他仿佛感觉到房间在动，他感觉自己正在一艘船上。他走到窗前呼吸新鲜空气，空气闻起来像甲板上的味道。他仿佛听见海鸥的叫声，还有跳板的嘎吱声。行李箱带来的积极效应开始发挥作用，令他进入了即将开始旅行的兴奋状态之中。带着这种积极的信念，他很快便赚到了充足的旅费，顺利开始了旅行。后来他告诉我，这趟旅行的每个细节都无比完美。

在人生的竞技场上，我们必须让自己保持在最佳状态，随时准备迎接挑战。

我们的行动背后的动机是出于恐惧还是信念？我们必须密切关注

自己行为的动机，因为这些动机中包含着重大的人生难题。

人们遇到的很多问题是财政上的困难。你必须知道如何才能振作起来，将信念付诸行动，从而获得财富。尽管你的收入和投资有可能在一夜之间缩水，你仍然要相信可以获得属于自己的财富，这才是正确的金钱观。

对待金钱的积极态度是：谁也夺不走本应属于你的东西。没有必要为了暂时的得失而焦虑不安，先哲说："应该属于你的东西不会消失。"如果一扇门关上了，另一扇门马上就会打开。

永远不要说出灰心丧气的话语。你所关注的焦点会对你产生深刻的影响，如果你总是注意到失败与困难，你便会饱受艰难困苦。

你必须养成探究事物本质的习惯，不要仅凭表象去做决定。

你要训练自己的洞察力，从失败中看到成功，从疾病中看到健康，从贫困中看到富饶。

获得成功的人总是将成功的观念深深地刻在脑海中。如果一个人的成功拥有真理与正义的基础，他便会获得成功。如果没有，暂时的成功就像空中楼阁，最终将归于虚无。

只有正义的理念能够永存。邪恶是违反宇宙秩序的一股逆流，终将自食其果。犯罪者必将付出惨痛的代价。

"愚拙的拿着灯，却不预备油。聪明的拿着灯，又预备油在器皿里。"

这些少女手中的灯象征着人类的意识，灯油就是带来启蒙的智慧。

"新郎迟延的时候，她们都打盹，睡着了。半夜有人喊着说：'新郎来了，你们出来迎接他！’那些童女就都起来收拾灯。愚拙的对聪明的说：‘请分点油给我们，因为我们的灯要灭了。’"

愚拙的少女缺乏智慧，就像没有灯油的灯。面临严肃的问题时，她们便没有能力解决困难。

当愚拙的少女请聪明的少女分一点灯油给自己时，聪明的回答说："恐怕不够你我用的，不如你们自己到卖油的那里去买吧！"

这句话的意思是，愚拙的童女无法瞬间接受超出自身理解能力的智慧，人们只对自己感同身受的知识有共鸣，知识与经验的积累都需要花费大量的时间和努力。

前文提到的例子中，那个人之所以可以去旅行，是因为这趟旅行已经栩栩如生地存在于他的意识之中。他相信这趟旅行是自己应得的。他已经为旅行做好了准备，就像是在为自己的灯准备油。人只有相信自己并做好充分的准备才能实现梦想。

未雨绸缪的法则是一把"双刃剑"。如果你心中惶惶不安，随时准备好面对自己所恐惧的或不愿接受的情况，不幸便会随之降临。大卫说："因我所恐惧的临到我身，我所惧怕的迎我而来。"我们经常听到人们这样说："我必须为生病的情况准备医药费。"这些消极的话语相当于在为生病刻意做准备。人们也经常说："我要攒钱以备不时之需。"如果不改变这种消极的态度，即使做再多的准备也是白费，厄运还是会在最不方便的时刻降临。

每个人都有机会过上富裕的生活。你的谷仓应当装满，你杯中的茶水应当满溢，但我们必须学会相信自己。

确立一个目标时，我们不应当存有任何消极的念头。如果心灵得到充实，财富的大门自然就会敞开。

每一天你都要做出选择，你想成为智者还是愚人？你准备好迎接好运了吗？

你会选择相信自己，还是屈服于怀疑和恐惧，甚至忘记为自己心中的那盏明灯准备灯油？

在故事的结尾，愚拙的少女们被关在门外。"她们去买的时候，新郎到了，那预备好了的，同他进去坐席，门就关了。其余的童女随后也来了，说：'给我们开门！'他却回答说：'我实话告诉你们：我不认识你们。'"

也许你认为愚拙的童女只是一时疏忽而忘记准备灯油，却为此付出了巨大的代价，但我们要面对的是因果法则，我们的每一个选择都会引发相应的结果。

在我们的日常生活中，每一年，每个月，每个星期，每时每分，我们都面临着选择。有人选择积极地面对人生，有人选择沉溺于自我怀疑等消极的思想。当你不再相信自己时，你心中的那盏灯便耗尽了灯油。

每一天，我们都要检查自己是否已经为心中的明灯准备了灯油。如果你因为害怕贫穷而变得一毛不拔，那么贫穷就会随之而来。如果你能明智地运用自己现有的财富，便有机会创造更多的财富。

我在《语言的魔力》(*Your Word Is Your Wand*)一书中提起过关于魔法钱包的故事。《一千零一夜》中记载着这样一个故事：一个男人拥有一个有魔力的钱包，从这个钱包中花出去的钱立即又会出现在钱包里。

　　我从这个故事里得到了启发，每个人都有自给自足的能力，就像那个魔法钱包一样。人们内心的智慧不仅不会枯竭，还会随着年龄的增长而变得更加充实。内心充实的人可以保持身心的平衡，充盈的内心所带来的动力就是取之不尽的魔法钱包。

　　一位女士的家境并不富裕，所以她很害怕付账单，并且害怕看到账户余额逐渐缩减。在听完魔法钱包的故事后，她开始相信自己也可以拥有这种魔力。她相信心灵的财富是无法被夺走的，花出去的钱将以另一种形式回到她的手中。在这之后，她开始勇敢地面对账单，并开始勇敢地面对人生中的各种困境，最终改变了贫穷的命运，过上了富裕生活。

　　"总要警醒，免得入了迷惑。"我们要避免误入歧途，被消极思想占据脑海。

　　我认识一位女士，她告诉我她总是准备着一条参加葬礼时戴的长面纱。我告诉她："这么做对你的亲戚来说是很不礼貌的。你仿佛在盼着他们早点往生，这样一来你就有机会戴上这条准备好的面纱了。"于是她丢掉了那条面纱。

　　还有一位女士很缺钱，但她下定决心要供两个女儿上大学。她的丈夫对此不屑一顾："谁来付学费呢？我可没有钱。"她回答道："我知道家里的情况，但我相信天无绝人之路，我们的女儿一定可以上大学。"她一直在为女儿们的高等教育做准备，每月定期存下一笔教育基金。女儿们也没有辜负她的期待，凭借优异的成绩争取到了奖学金，最终两个女儿都完成了高等教育。

幸运总是降临在有准备的人身上。我们在平时便要为实现目标而进行各种积极的准备，这样我们每天都会离目标更近一步。

生命中的每一段经历都是我们自己的选择。有一些经历是恐惧所带来的不幸结果，还有一些经历是积极的信念所带来的幸运。让我们像聪明的少女们那样准备好灯油，在我们最意想不到的时刻，信念的果实便会成熟。

如今，我的灯里装满了信念与成就的油。

第 4 章

你在期待什么

信念就是期待，一位先哲说过："照着你们的信给你们成全了吧。"

有句古话说：我们期待什么，就会发生什么事。所以，你在期待什么呢？

我们常听到别人说："我们已经为最坏的情况做好了心理准备。""最坏的事情还没有发生呢。"这些消极的话语暗示着人们在期待坏事发生。

我们也会听到有人这样说："我期待好事发生。"积极的态度吸引着好运的降临。

当你的期待发生改变时，你的处境往往也会随之发生改变。

如果你已经习惯了期待坏事发生，你要怎么做才能改变消极的态度呢？

很简单，只要开始期待成功、幸福和财富即可。一旦你为迎接好运做了充分的准备，那么好运自然就会降临。

积极的信念本身便会给潜意识带来积极的影响，这时我们再采取行动便能事半功倍。

如果你的愿望是拥有属于自己的房子，就一刻也不要浪费时间，立即开始为此做准备吧。你可以从小的装饰品和桌布开始收集，日积月累，当机会降临时你便可以从容地采取行动，不会措手不及。

我认识一位女士，她通过购买一把巨大的扶手椅而使信念发生了飞跃。她买了一把宽敞又舒适的椅子，这并不是一时兴起，因为她已经做好准备迎接人生的另一半了。后来，在她的努力之下，她真的遇见了合适的结婚对象。

有人问我："假如我没有钱去购买椅子和装饰品，我该怎么办呢？"既然如此，就在经过商店橱窗时把它们的样子记在脑海中吧。

有时候，我听到人们说："我从不逛商店，因为我什么也买不起。"而这正是你需要走进商店的原因。你需要开始跟你想拥有的东西做朋友。

我认识一位女士，她想拥有一枚戒指，于是她走进首饰店，试戴了一些戒指。这给她带来了强烈的实感，仿佛自己已经拥有了心仪的戒指。不久后，一位朋友送给她一枚戒指作为礼物。"你的注意力放在什么事物上，你便会与你所关注的对象建立联系。"

如果你不断地注意到美丽的事物，便与美好建立了看不见的联系。除非你自怨自艾，不相信自己值得拥有美好的事物，那么这些美丽的事物迟早会进入你的生活。

一首诗篇里记载了一句十分重要的箴言："我的心默默无声，专等候美的降临。"

此处的"心"是指潜意识，这首诗篇的作者正在与自己的潜意识进行沟通，包罗万象的宇宙法则中含有诗人所期待的一切。不要被一时的障碍所迷惑，信念坚定的人才会得到自己所期待的奖励。

如果你不为自己设限，你可以期待得到任何你想拥有的美好事物。不要说那是不可能的，一切皆有可能，好运总在你意想不到的时刻悄然降临。

潜意识是你的好帮手，它能为你开启心愿之门。你可以暗示自己：我的能力是无法被夺走的，因此属于我的礼物也是无法被夺走的。积极的行动就是最好的礼物。行动可以帮助我们实现心愿，积极的态度可以在任何情况下为我们带来幸运的转机，使我们无所畏惧。

一位女士曾经向我抱怨她的公寓里没有暖气，因此她的母亲不得不忍受寒冷。她还说："房东告诉我，这个房间在短时间之内无法接通暖气。"我回答："你要怀着决心积极去争取自己的利益。"她说："这正是我想听到的。"说着，她冲了出去，勇敢地向房东争取自己的权利。当天晚上，暖气就接通了。这是因为她意识到，仅仅抱怨是没有用的，她需要采取行动去争取自己想要的东西。

这是一个美好的时代，人们开始相信奇迹，奇迹似乎无处不在。

我在《纽约日报》中读到的一篇文章与我的观点不谋而合。这篇文章的标题是《戏剧观众热爱形而上的剧本》。这篇文章写道：

布洛克·彭伯顿是一个愤世嫉俗的剧院经理。一天晚上，他在中场休息时用略带讽刺的口吻说："既然你们这些评论家对纽约观众的喜好如此了解，不如你们告诉我应该制作什么样的戏剧吧。请你们告诉我观众喜欢看什么样的戏剧。"

我说："可以，但我说了你也不会相信。"

他说："你在糊弄我，你并不知道答案吧。你想通过故弄玄虚来蒙混过关，因为你根本不清楚什么样的戏剧才能叫座。"

"我知道，"我说，"有一种剧作一定可以大获成功。无论剧本的题材是爱情故事、悬疑故事还是历史悲剧，有一个主题总是能够脱颖而出。拥有这个主题的剧作即使写得再烂也不会彻底失败，甚至很多拙劣的作品也十分火爆。"

"你又在卖关子了，"彭伯顿先生说，"究竟是什么样的剧作？"

"哲学剧作。"我轻轻地吐出了一个唬人的词语，静静地观察着他的反应。

"哲学剧作，"彭伯顿先生说，"你的意思是蕴含深刻哲理的剧本？"

我停顿了片刻，彭伯顿先生一言不发，我便列举了几部剧的名字，如《青草地上》(*The Green Pastures*)、《星星马车》(*The Star Wagon*)、《马拉奇亚士的奇迹》(*Father Malachy's Miracle*) 等。我继续说道："其中几部戏的表现甚至超出了评论家的预期。"彭伯顿先生立刻向我告辞，他很可能是去城里的每一家剧院打听："你们这里有没有蕴含哲理的影片在上映？"

人们开始意识到言语和思想的力量，他们开始理解为什么"信念是实现愿望的基石"。

我们看到，期待法则所发挥的作用已经不能用单纯的迷信来解释了。

如果你从梯子下走过去，并且相信这会给自己带来厄运，那么你确实会经历不幸。梯子本身是无辜的，厄运之所以降临，是因为你对厄运的期待。

我们可以这样说，期望既能带给人们想要的东西，也能带给人们所恐惧的事物。"我在期待什么，我就会经历什么。"

当你相信自己并为了心中的目标付出努力时，便没有什么目标是永远不可能实现的，也没有什么好事是不可能长久的。

现在，请思考你心中看似遥不可及的愿望是什么，然后开始为实现这个愿望做准备吧。如果你做好了充分的准备，你就能期待愿望以意想不到的方式实现了。幸运的降临总是出乎我们的意料。

在宽恕法则的作用下，我们可以从错误的因果循环中得到解脱。

智者说过："你的罪虽像朱红，必变成雪白。"通过我们自己的努力，我们可以改变过去的消极理念，努力成为完美的自己。

我期待着意料之外的幸运降临，美好的事情就要到来。

第 5 章

天网恢恢

在古老的寓言故事中，"永久的臂膀"这一意象永远象征着"庇护"。寓言故事的作者们深谙符号所蕴含的力量，符号在潜意识里留下深刻的印象。这些作者于是运用各种符号来阐述自己的观点，其中包括岩石、羔羊、牧羊人、葡萄园、灯，以及上百种其他符号。古代寓言故事中究竟使用了多少种符号，这是一个有趣的问题。除了我们之前提到的"庇护"，永久的臂膀还象征着"力量"。

"他永久的臂膀在你之下。他在你前面撵出仇敌，说：'毁灭吧！'"

这句诗中所提到的"你面前的仇敌"是指什么呢？"仇敌"便是

你在潜意识里形成的各种消极思想。一个人最大的敌人只有他自己。永恒的臂膀会找出这些有害的思想并将它们摧毁。

你摆脱了一些消极的想法后，是否会体验到一种浑身舒畅的感觉呢？也许你在不知不觉中累积了许多愤恨的情绪，以致你总是因为某些事情而发火。你痛恨你所认识的人们，也痛恨你不认识的人们，你恨着过去的人们，也恨着现在的人们，你甚至可以肯定未来你所遇到的人们也无法逃离你的怒火。

仇恨的情绪对体内的所有器官都会产生影响。因为当你感到愤恨时，你全身的器官也都感受到了愤恨的影响。有害的思想令毒素在血管中堆积，风湿、关节炎、神经炎等疾病就是愤怒可能给你带来的惩罚。这一切都是因为你在自我折磨，而不是用心灵法则帮助自己面对困境。

"天网恢恢，疏而不漏。"我用这句话开导过很多学生。乐观的精神就像强壮有力的臂膀保护着你，你不需要抵抗，也不需要沉浸在仇恨之中。你可以放松身心。你脑海中的消极思想即将灰飞烟灭，对你不利的处境也会随之消失。

心灵的成长意味着你能泰然自若地面对困境，运用各种心灵法则减轻自己的负担并战胜挫折。你放下仇恨之后，便会感到一阵轻松。你对每个人都怀着友善之心，体内的器官也开始恢复正常。

作家阿尔伯特·爱德华·戴（Albert Edward Day）曾在书中写道："人们普遍认为，宽恕自己的敌人对心理健康很有好处，但消极情绪对身体健康的危害则是相对较新的发现。健康问题常常与情绪密不可分。不断积累的负面情绪是产生疾病的重要原因。当一个普通人听到智者说要爱你的敌人时，他很可能觉得只有圣人才会这么想。然而事实上，智者告诉你的正是养生的首要原则，也是基本的道德伦理。没有人能承担沉溺于仇恨的代价，即便只是为了自己的身体健康，我们也不能放任自己被仇恨所吞噬。仇恨就像毒药。有人劝你摆脱恐惧，那并不是理想主义者的胡言乱语，而是与健康饮食同等重要的忠告。"

我们总能听到关于平衡饮食的建议，但如果没有平衡的心理状态，无论吃什么食物都难以消化。

不争是一门艺术。当你学会了不争，你便拥有了整个世界。有太多人都在强求事情按照自己的意愿发展，但强迫他人改变心意并不会给你带来任何持久的幸福。

"对于回避你的事物，你也要回避它们。无欲无求，好运便会找上门。"我不知道这几句话出自谁的手笔，但我经常用这些话来鼓励自己。

英国著名运动员洛夫洛克（Lovelock）被问到如何像他一样在跑步中同时保持速度与耐力。他回答："学会放松。"他跑得最快的时候，就是他最放松的时刻，让我们像他一样在行动中学会放松吧。

最好的机会和最大的成功往往在你意想不到的时候悄然而至。你必须保持长时间的放松，让吸引力法则得以发挥。担忧和焦虑永远无法吸引好运。一块磁铁是不会有任何忧虑的，它笔直地立在那里，因为它知道周围的绣花针都会不由自主地被吸引过来。在我们松开攥紧的双手后，我们合理的愿望便会实现。

我在函授课程里提到过，不要让你心中的愿望成为你的心病。

当你对某件事物的欲望过于强烈时，你的担忧、恐惧和痛苦便会使你自身的积极磁场彻底失灵。当你用平常心对看到的一件事情时，这件事反而会进展得很顺利。这是一个普遍的规律，越从容的人越容易心想事成。

许多人为了传播积极的理念而与朋友交恶，因为他们过于强势地想带朋友们来听有关心灵法则的讲座并强迫朋友们阅读相关书籍，尽管出于善意，结果却往往适得其反。即便我们怀着美好的初衷，我们依然不应该把自己的意志强加在他人身上。如果我们能够顺其自然，少一些强迫，朋友们反而更容易接受我们的意见。

一位友人带着我的书去哥哥家里做客。她哥哥的儿子们都不肯阅读我的书，他们觉得书中写的是一派胡言。其中有一位年轻人是出租车司机，一天晚上，他要驾驶一辆属于别人的出租车。在检查车况时，他发现了一本被随便塞在角落里的书，那正是我的书。第二天，他对他的姑姑说："昨天晚上我在别人的出租车里发现了希恩女士的书。我看了，这本书写得太好了！我受益匪浅。她为什么不再写一本书呢？"有时，我们需要绕一段路才能走到目的地。

我见过很多不快乐的人，也见过少数心怀感恩、怡然自得的人。有人曾对我说："我拥有很多值得感恩的东西。我拥有健康，足够多的钱，并且我还是单身！"

以斯拉人以探的训诲诗内容十分有趣。这首诗分为唱颂和应答两部分。这是关于赞美和感恩的诗篇，诗人赞颂了永久的膀臂。

"你有大能的膀臂，你的手有力，你的右手也高举。"

"我的手必使他坚立，我的膀臂也必坚固他。"

"我要为他存留我的慈爱，直到永远，我与他立的约必要坚定。"

我们只有在寓言诗和童话里才会看到以"永远"为期限的誓约。在绝对理念的哲学世界里，人的概念超脱了时间和空间，人的美好品质将永存不朽。从波斯传奇故事发展而来的童话也传达了这样的理念。

在《阿拉丁与神灯》的故事里，阿拉丁只需要用袖子擦一擦神灯，他的所有愿望便会实现。语言就是你的神灯。言语和思想所拥有的强大辐射力必然会带给你回报。一位科学家曾说过，语言带给人启蒙之光。我们不断收获着言语的果实。

一位朋友曾经把一个失业一年多的男人带来听我的讲座，我对他说："现在就是最好的时机。今天你将拥有不可思议的好运。"这句话烙印在他的脑海里，每一天他都在这句话的鼓励下积极地寻找工作。通过不懈的努力，最终他找到了一份年薪 9000 美元的工作！

为什么有些人可以比其他人更快实现愿望？这是因为他们更擅长聆听自己内心的声音。有这样一个关于撒种的寓言故事："有一个撒种的出去撒种。撒的时候，有落在路旁的，飞鸟来吃尽了；有落在土浅石头地上的，土既不深，发苗又快，日头出来一晒，因为没有根，就枯干了；有落在荆棘里的，荆棘长起来，把它挤住了；又有落在好土里的，就结实，有一百倍的，有六十倍的，有三十倍的。有耳可听，就应当听。"人类的言语也是种子，也能为我们带来相应的果实。我们应当仔细聆听那些有意义的话，那些带给你启发的话。积极的话语可以结出甜蜜的果实。

有一天，我去了一家经常光顾的店铺。我跟这家店的老板很熟，我送给他的员工一张自我激励的卡片。我对他开玩笑道："我不会送给你自我激励卡片的，因为你不愿意使用它们。"他回答道："给我一张吧，我可以试试看。"一星期后，我带给他一张卡片。在我离开之前，他冲过来激动地对我说，"我在卡片上写下了几句自我激励的话，然后就来了两名新顾客。"他写在卡片上的话语是："现在就是最好的时机。今天我将拥有不可思议的好运。"自我激励法奏效了。

许多人用一些过分夸大的话语来激励自己，我在美容院里看到了很多这样的例子。一位年轻的女孩想要看杂志，于是她对店员说："帮我拿几本新鲜得要死、酷毙了的杂志吧。"其实她只是想看最新的电影杂志。过于夸张的言语可能会引来一些不愉快的经历，许多人直到坏事发生后才会明白祸从口出的道理。

每一所大学都应该教授哲学，这门学科讲的是经过时间沉淀的智慧。如果我们阅读古埃及智者赫尔墨斯（Hermes）的秘传哲理，就会发现他所传授的哲理与我们今天所教授的内容是一致的。他认为所有心理状态都伴随着身心的共振。你可以选择自己所共振的对象。现在，让我们都与成功、快乐和财富共振吧。

现在就是最好的时机。

今天我将拥有不可思议的好运。

第 6 章

分岔路口

每一天，我们都要站在人生的分岔路口，选出自己的道路。

"我应该做这件事，还是做那件事？我应该选择离开，还是选择留下来？"很多人并不知道自己应该做什么。他们让其他人替自己做决定，随后又后悔采纳了他人的建议。

另一些人则会仔细地分析状况。他们就像在杂货店给货物称重那样衡量着事情的轻重。一旦没有达成目标，他们便会感觉很纳闷。

还有一些人选择跟随直觉的引导，他们在眨眼之间便到达了应许之地。

直觉是理性之外的一种思维能力。在直觉的道路上有你想拥有的一切。

我在书中所列举的许多例子都描述了如何运用直觉取得成功。

因此，不妨从现在开始尝试跟随直觉做选择吧。

我在问答课上讲过如何培养直觉的能力。大多数人的直觉长期处于休眠状态，我们需要唤醒这股沉睡的力量。

克劳德·布拉登（Claude Bragdon）说过："跟随直觉就是生活在天堂。"当你站在人生的岔路口，需要做出选择时，不妨请求得到一个明确无误的指引，你便会找到线索。

我们在寓言故事里看到过很多这样的例子。摩西死后，摩西的帮手、嫩的儿子约书亚便站出来，率领众百姓渡过约旦河，继续前往属于他们的国土。

许多诗歌中经常提到的"脚掌所踏之地"象征着人的认知能力，这句话所引申的含义是我们所能理解的一切都储存在我们的意识当中，永远不会被遗忘，我们只需要唤醒这些沉睡的记忆。

诗歌里写道："你平生的日子，必无一人能在你面前站立得住……我必不撇下你，也不丢弃你。只要刚强，大大壮胆，谨守遵行摩西所吩咐你的一切律法，不可偏离左右，使你无论往哪里去，都可以顺利。"

于是我们发现，又一次站在人生的岔路口时，通过坚强勇敢地践行律法，我们就可以做出正确的选择。

"今日就可以选择所要侍奉的。"这是一句充满智慧的指引。

一个在金融界有很大影响力的名人曾对朋友说："我总是跟随直觉的引导，我自己就是幸运的化身。"

灵感是生命中最重要的元素之一。人们可以从各种互助集会当中寻求灵感的启迪。我发现，正确的言语能够启发人们的灵感，从而帮助我们在关键时刻做出最好的选择。

一位忧心忡忡的女士向我寻求帮助，我对她说："听从你内心的声音吧。"在我的开导之下，她停止了自我折磨，开始关注内心的感受，她的身心逐渐恢复了平衡。很快，她租到了一间公寓，生活逐渐步入正轨，心情也变得开朗多了。

经常有学生在问答课上问我："你告诉我们在遇到困难时不要手忙脚乱，而是要听从内心的声音，这是什么意思呢？"

当你手忙脚乱地寻找解决方案时，你所面临的问题就会变得更加困难。这时你会开始抱怨外部环境，试图为自己的失败寻找借口。你会说："现在不是最好的时机，以后我才能找到机会。"

然而在心灵法则的世界里，只有现在才是最好的时机。你的问题在提出之前便已经有了答案。时间和空间都是相对的感受，你需要做的是从自身汲取力量。

"今日就可以选择所要侍奉的。"你需要选择侍奉心中的恐惧，还是侍奉内心的信念。

每一个因恐惧而引发的行动当中都隐藏着失败的因子。我们需要拥有足够的力量和勇气才能相信自己。我们经常在遇到小事时能够相信自己的能力，而到了重要的场合，则又陷入了自我怀疑的旋涡，并因此惨遭失败。

一位住在西部的女士在信中向我描述了她的人生如何在眨眼之间发生转变。

"我有幸拜读了您的大作。我有4个儿子，他们分别是10岁、13岁、15岁和17岁。如果能让孩子们从小养成积极的思维方式，这对他们将来会大有裨益。

"一位女士把她的书借给了我，从我拿起这本书的那一刻开始我便被它吸引住了。一口气读完这本书后，我意识到我一直都想发挥内心的潜能，却不了解心灵的法则。

"多年以来，我一直过着家庭主妇的生活。当我刚开始尝试回到职业领域时，我觉得自己很难在商界站稳脚跟，但我没有放弃，而是不断地鼓励自己：如果眼前没有道路，就走出一条属于自己的路。最终我重新回到了职场。

"我很感激自己所拥有的一切。每当人们问我：'你有4个尚未成年的儿子，你要照顾家庭，你曾经因为大手术而住院很长一段时间，身边也没有亲戚可以照顾你，你是怎么取得如今的成就的？'我都会会心一笑。"

我在书中写下这样一句话："如果眼前没有道路，就走出一条属于自己的路。"当这位女士身边的所有朋友都认为她不可能取得事业上的成功时，她为自己开辟了一条成功之路。

很多人会告诉你几乎一切事情都是不可能实现的。有一天，我便遇到了一个这样的例子：我在一家商店里看到一个精致的银色滴滤咖啡壶，它几乎可以用来制作任何饮料。我买下了它，高兴地拿给朋友们看。一位朋友说："它肯定不好用。"另一位朋友说："如果这是我的东西，我会扔掉它。"而我则相信这个小咖啡壶是物有所值的，事实证明确实如此。

我的朋友们只是像大部分普通人那样习惯了用消极的态度对待一切。

无论是多么了不起的想法，总会有人提出反对。不要让其他人替你做决定，我们要用智慧指引自己前进的方向："不可偏离左右，使你无论往哪里去，都可以顺利。"

在意识到财富的本质后，我们才有机会获得财富。在理解了成功的本质后，我们才有机会取得成功，因为成功和财富与人的心态息息相关。

在《出埃及记》的故事里，法老残暴统治下的埃及象征着黑暗的为奴之家。在那里，人是怀疑和恐惧的奴隶，忍受着贫穷和制约，这都是因为选择了错误的道路。

当我们无法坚守直觉所揭示的真理时，不幸便会降临。一切伟大的事业都离不开对信念的坚持。

亨利·福特（Henry Ford）在创建福特汽车公司时已人过中年。他在筹集资金时遇到了很大的阻碍。他的朋友们都觉得这是个疯狂的主意。他的父亲含着泪水对他说："亨利，你为什么要为了一个疯狂的念头而放弃周薪 25 美元的好工作呢？"但没有人能动摇亨利·福特的意志。因此，为了走出埃及，摆脱奴隶的枷锁，我们必须做出正确决定。

我们要在人生的分岔路口做出正确的选择。

如今，我们正站在人生的分岔路口上，让我们勇敢地听从内心的声音，做出无悔的选择吧。

"你或向左，或向右，你必听见后边有声音说：这是正路，要行在其间。"

这条路是已经为你预备好的正路，你将像诗歌中所描绘的那样，找到"非你们所修治的地土，非你们所建造的城邑；你们就住在其中，又得吃非你们所栽种的葡萄园、橄榄园的果子"。

我跟随内心的指引，走在人生的正道上。

如果眼前没有道路，就去开拓一条路出来。

第 7 章

向前走吧

我想起一名学生的例子。她是一名非常优秀的钢琴家，在海外享有很高的声誉。她带着一整本关于自己的新闻剪报兴高采烈地回到了美国。

她有一位亲戚愿意出钱赞助她进行巡回演出。他们聘请了一位经纪人来处理演出开销和相关账目等事宜。

在举办了一两场音乐会之后，他们的巡演资金便用完了。经纪人卷走了她的钱，我的朋友遭受了剧烈的打击，她完全不知所措。就在这时，她找到了我。

她痛恨那个骗子，这令她很难过。她没有钱，只能租一间简陋的屋子。她的手经常冻得冰凉，甚至无法练习。

她就像被束缚在埃及的奴隶那样，心中充满了仇恨，过着贫穷的生活。

有人带她来参加我举办的互助会，她向我倾诉了自己的经历。我说："首先，不要再恨那个经纪人了。等你能够原谅他的时候，你就会重新获得成功。你要主动迈出宽恕的第一步。"

这个要求很难做到，但她努力尝试宽恕那个人，并且定期参加我的互助会。

与此同时，她的亲戚开始采取法律手段帮她找回被骗走的钱。过了很久，这件案子还没有开庭。

我的朋友接到一通电话后搬到了加利福尼亚。她已经原谅了那个人，不再为这件事而困扰。

过了4年，她突然收到通知，这个案子终于开庭了。她在抵达纽约后联系到我，并请我为正义的裁决而祝福。

他们按照规定的时间出席了审判，最终达成了庭外和解，那个人将按月把钱还给她。

她欣喜万分地对我说："我对那个人没有一丝一毫的仇恨。当我礼貌地跟他打招呼时，他惊呆了。"她的亲戚告诉她，当初被骗走的钱都会重新回到她的账户里。不久她发现自己的银行账户上多了一笔巨款。

想想你所面对的困难是什么。或许在怀疑、恐惧和沮丧的长期影响下，你也丧失了积极行动的意志，那么就对自己说："向前走吧。"

我们可以把这股吹退海水的强劲东风看作一种强烈的信念。如果你所面对的是财务上的问题，就对自己说："属于我的东西谁也夺不走，幸运会在最意想不到的时刻降临。"隐藏着惊喜的鼓励可以让我们迅速振作起来。心灵的法则总是以奇妙的方式发挥作用，你对自己的鼓励就是那股可以吹退海水的东风。

勇敢地面对你的红海吧，向它展示你无所畏惧，这是面对困难时最好的态度。

我的一位学生受到朋友的邀请去参观一座非常时髦的避暑庄园。她在乡下生活了很长时间，她的身材变胖了，除了肥大的女童子军制服之外，其他衣服都不合身。她在仓促之间接受了朋友的邀请。她需要准备出席晚宴时穿的礼服、高跟鞋和饰品，但她没有钱去购买这些东西。她找到了我，我对她说："你当下的感受是什么？"

她回答："我什么也不怕，我敢去任何地方。"

于是她勉强找到了一件能穿得下的衣服，出发前往避暑庄园。

当她到达朋友家时，她受到了热情的欢迎。女主人略显尴尬地说："我无意冒犯，不过我有一些从没穿过的礼服和高跟鞋，我把它们放在你的房间里。如果你不介意的话，你愿意穿上它们来出席晚宴吗？"

我的朋友回答她很乐意。她惊喜地发现女主人的衣服和鞋子都很合身，晚宴进行得很顺利。

她凭借着勇气到达了幸福的彼岸。

第 8 章

守望者

我们都需要有思想的守望者。潜意识就是思想的守望者。

我们有能力选择自己的想法。

每个民族的集体思想都有着几千年的历史沉淀，这些思想根深蒂固，仿佛难以撼动，如狂奔的羊群一般在我们的脑海中翻腾。但只需要一只牧羊犬，就能控制受惊的羊群，指引它们回到羊圈。

我在新闻里看到过一张牧羊犬引导羊群的照片。这只牧羊犬控制了整片羊群，只有三只羊不听话。这三只羊一直在反抗，看起来愤愤不平的样子。它们高举前蹄，咩咩叫着表示不满，但牧羊犬只是端坐在那里，眼睛一眨不眨地盯着那三只羊。它没有吠叫，也没有摆出威胁的姿态，只是坚定地坐着。不一会儿，这些羊便甩了甩头，乖乖地走回羊圈里。

我们也可以用同样的方式学会控制自己的思想，要用决心，而非蛮力。

当我们的想法变得不受控制时，我们要不断地重复能让自己冷静下来的话语。有时我们很难控制自己的想法，但我们可以尽量去控制自己的言语。重复积极的话语可以刺激潜意识，这样一来，我们便能掌握主动权。

古代智者在诗歌中写道："我设立守望的人照管你们，说：'要听角声。'"

你的成功和幸福都取决于思想的守望者，经过你的努力，你心中所渴望的成功与幸福迟早会成为现实。

人们以为只要逃避消极的情况，就能摆脱消极的状态，然而无论人们去哪里，都会面临同样消极的状况。如果不能从中吸取经验，人们便会反复经历相同的失败。我们从电影《绿野仙踪》里可以看到这个观点。

住在堪萨斯州一座农场里的小女孩桃乐丝很不高兴，因为村庄里有一个刻薄的女人想把她的小狗托托带走。绝望的桃乐丝向婶婶艾米和叔叔亨利倾诉她的烦恼，但叔叔和婶婶都太忙了，没有时间听她讲话，只是让她到一边玩去。

桃乐丝对托托说："在天空之外，有一个美好的地方，那里所有人都很快乐，没有人是刻薄的。"她多想去那个地方啊！

忽然，有一股龙卷风袭击了农场，桃乐丝和托托被卷入空中，来到了奥兹国。

一开始，一切看起来都无比美妙，但她很快便又遇到了熟悉的经历。村庄里的刻薄女人变成了一个恐怖的女巫，她依然企图从她手中夺走托托。

她很想回到堪萨斯的家中。

好心肠的女巫让她去寻找大魔法师奥兹，只有大魔法师能实现她的愿望。

桃乐丝踏上了前往翡翠城堡寻找奥兹的旅程。

在路上，她分别遇到了没有脑子的稻草人、没有心的铁皮人和没有勇气的狮子，他们都因为自己缺失的东西而闷闷不乐。桃乐丝鼓励他们道："让我们一起去找大魔法师奥兹吧，他会实现我们的愿望，给稻草人一个大脑，给铁皮人一颗心脏，给狮子勇气。"

他们经历了紧张而又刺激的冒险。这一路上，坏女巫一直在追捕桃乐丝，还抢走了能够保护她的红色拖鞋。

终于，他们抵达了翡翠城堡。他们想要见奥兹，却被告知从没有人见过秘密地生活在城堡里的大魔法师奥兹。

在北方的好女巫的帮助下，他们进入了城堡，但他们发现奥兹其实并不会魔法，他只是一个来自桃乐丝的故乡堪萨斯的冒牌魔术师。大家都因为无法实现心愿而感到绝望。

这时，好女巫却告诉他们，大家的愿望早已实现了。稻草人在冒险中的各种决策证明他已经拥有了头脑，铁皮人因为爱着桃乐丝而拥有了心，狮子也在冒险中勇敢面对危险而获得了勇气。

北方的好女巫对桃乐丝说："你从这段经历中学到了什么呢？"桃乐丝回答道："我知道我内心真正渴望的是回到自己家中。"于是，好女巫挥了挥魔杖，桃乐丝便回到了家中。

桃乐丝醒来后，发现稻草人、铁皮人和狮子其实是叔叔农场里的帮工。大家都很高兴她终于回来了。这个故事告诉我们，如果你一味逃避，麻烦只会紧紧跟着你。如果你面对困难毫不动摇，那么困难往往会不攻而克。

漠然法则是很神秘的。用现在的话说，就是"这一切事情都无法令我发生动摇，这一切事情都无法令我感到烦恼"。

当你不再感到烦恼时，所有外界的干扰也会逐渐消失。"当你的眼睛看到教训时，教训就消失了。"

"我设立守望的人照管你们，说：'要听角声。'"号角是古代的乐器，用来吸引人们的注意，传递胜利的信息，或者用来发号施令。

当你意识到思想和言语的重要性时，你便会开始养成留心自己的每一个思绪和每一句话语的习惯。

想象力是心灵的剪刀，它不断地修剪着记忆中我们所经历的事件。

许多人修剪出的是充满恐惧的画面。他们看到的是不符合宇宙法则的场景。

在希腊神话中，有一群独眼巨人住在西西里岛上。这些巨人只在额头中央长了一只眼睛。古希腊人认为额头正中央的位置就是想象力的来源，独眼巨人的神话便源于这个观念。巨人唯一的一只眼睛只能看到真理。拥有这只眼睛的人可以看破邪恶的表象，发现隐藏在表象下的善。他能把不义转化为正义，并用善意化敌为友。如果你拥有这只眼睛，你也可以成为思想的巨人。到那时，你的每个想法都是有建设性的，你的每一句话都是有力量的。

就让这第三只眼睛成为你的守望者吧。

"眼睛就是身上的灯。你的眼睛若亮了，全身就光明。"

心中拥有了亮的眼睛，能让我们看清真善美的世界，并用自己的双手努力建设这样的世界。

"不可按外貌断定是非，总要按公平断定是非。"

"这国不举刀攻击那国，他们也不再学习战事。"

漠然法则意味着有害的表象不会令你产生动摇。你将坚守积极的思想，最终取得胜利。漠然法则拥有超越因果法则的力量。

心理治疗师在对患者进行治疗时必须怀着积极的态度，运用漠然法则看穿贫穷、失败或疾病的表象，找出事物积极的一面，帮助患者转变心态，达到身心的平衡。

一首诗篇描写了摆脱消极思想的人是多么幸福。"日子必到，以法莲山上守望的人必呼叫说：'起来吧！我们可以上锡安，到美好的国度去。'"

然而，人们生活在充满消极思想的世界里，往往注意不到内心的守望之眼。人们可能偶尔灵光乍现得到启蒙，随后又坠入混沌的世界里。

我们需要永远保持警惕并坚定地守护自己的言语和思想，化解含有恐惧、失败、憎恨和恶意的念头。记住这句古话："凡栽种的物，若不是应当栽种的，必要拔出来。"我们可以试着想象在花园中清理杂草的场景。如果杂草过于茂盛，就会吸走土壤中的养分，花朵便会枯萎。消极思想就像杂草一样需要被连根拔起。如果对消极思想念念不忘，就像给杂草输送养分。不如利用漠然法则来对抗消极思想，这样可以守护内心的平静。

我站在一片美好的土地上。我正在飞速地拓展人生的蓝图。

一切都是永恒而完美的。

第 9 章

财富之路

财富之路是一条单行道，有时，你别无选择。

人们总是要么走向贫困，要么走向富裕。拥有富人思维的人和拥有穷人思维的人总是处在不同的思维水平，彼此的命运自然不尽相同。

宇宙浩瀚无穷，世间的财富足够让所有人过上富裕的生活。富人之所以富有，是因为富人的思维可以创造财富。

当你的思想发生改变时，你自身的条件也会立刻随之发生变化。你的世界便是你的全部思想和语言的具象化。或早或晚，你都将收获思想和言语的果实。

人们说出的话语会在适当的时候应验在自己身上。总是谈论贫穷和失败的人将会陷入贫穷和失败的境地。自怨自艾的人无法进入财富的王国。

我认识一位女士，她对财富的概念十分有限。她总是穿着旧衣服，从不购买新衣服。她经常劝告丈夫不要乱花钱，对自己手里的每一分钱都很小心。她的口头禅是："我不想买任何我买不起的东西。"

她什么也买不起，所以她只能拥有很少的财产。然而她的世界突然遭遇了巨大的变故。她的丈夫受够了她的吝啬和狭隘，愤然离她而去。她在绝望之中偶然读到了一本书，书中解释了思想和语言的力量。她意识到是消极的思想给她带来这段不幸的经历。她为自己犯过的错误而哭笑不得，她决定从错误中吸取教训。她要证明财富的法则是有效的。

她勇敢地利用自己所拥有的财富去赚取更多的钱。她相信付出必有回报。她不再抱怨贫穷和艰辛。她一直让自己保持着富有的感觉。

她以前的朋友们几乎认不出她来了。她逐渐成为一个有钱人。财富源源不断地流向她，这是她前所未有的经历。许多扇财富之门为她敞开。即使在自己毫无经验的领域里，她依然取得了巨大的成功。

她之所以能够奇迹般地找回自我，是因为她改变了言语和思想的本质。她用积极的态度面对日常生活中的一切事务。她遇到过很多难关，但总能解决问题。她为自己打通了渠道，并毫不动摇地感激自己拥有的一切。

最近，有人在电话里对我说："我迫切需要找到一份工作。"

我回答道："不要表现出绝望的样子，没有人愿意雇用一个态度消极的员工。怀着信心和感激去寻找合适的岗位吧。"

信心和感激会打开成功之门，你所期待的事情终将实现。

当然，心灵法则具有普适性。一个不诚实的人或许也能用坚定的信念吸引财富，但正如莎士比亚所说的，通过不正当的手段得来的财富终究是不光彩的，也不会长久，更不会给人带来幸福。

我们只需要看一眼新闻，就知道犯罪者的下场并不好过。因此，我们的愿望必须是正当的。我们只能要求得到本属于自己的东西。

有的人虽然得到了财富，却没办法保持富有，有时候是因为他们的想法发生了转变，有时候他们因为恐惧和忧虑而失去了财富。

在我的一节问答课上，一位朋友讲了这样一个故事：

在他的家乡，有一户一直都很贫穷的人家突然在自家后院挖到了石油。这一家人因此发财了。父亲加入了乡村俱乐部，开始打高尔夫。但他已经不再年轻了，高尔夫练习给他的身体造成了很大的负担，他猝死在球场上。

全家人都为此惊恐万分，他们都认为自己可能也患有遗传性心脏病，于是他们长期卧床并聘请专业的护士来监测自己的每一次心跳。

人类总是在担心着什么。这户人家不再担心钱的问题，却开始担心起自己的健康。

俗话说，人生不可能十全十美。如果你得到一件东西，便注定会失去另一件东西。人们总是说："幸运不会永远眷顾你。不可能有这么好的事情。"

一位先贤说："在世上你们有苦难，但你们可以放心，我已经胜了世界。"

我们知道，世间的财富足够让所有人过上富裕的生活，幸福可以是永恒的。

"你若从你帐篷中远除不义，就必得建立。要将你的珍宝丢在尘土里，将俄斐的黄金丢在溪河石头之间，全能者就必为你的珍宝，做你的宝银。"

对于习惯了消极思想的普通人来说，要建立正确的财富观不是一件容易的事情。

我的一名学生在我的建议下尝试用积极的态度面对生活。她相信自己可以像故事里的英雄那样无所不能，最终她在事业上取得了巨大的成功。

很多人之所以忍受各种制约是因为他们懒于想象其他状况。

你必须对实现财务自由抱有强烈的渴望，你必须感觉到自己的富有，你必须看到自己的富有，你必须时刻准备创造财富。要像孩子一样单纯，相信自己可以成为有钱人。要用期待来强化潜意识对财富的印象，并用行动将这种期待变成现实。

想象力是人类的工坊，是心灵的剪刀。人们用想象力不断修剪着生命中所经历的事件。潜意识是创意、灵感、启蒙和直觉的领域，潜意识是完美理念的领域。伟大的天才正是从潜意识中捕捉那些转瞬即逝的思想。

"没有异象，民就放肆，唯遵守律法的，便为有福。"当人民失去了对幸福的想象，就会放肆，或者说堕落。这首希伯来语诗歌的法语版和英语版在遣词造句上略有不同，但含义是一样的。

英语版写道："你若从你帐篷中远除不义，就必得建立。"这句诗在法语中是这样表述的："你若从住所中远除邪恶，便得重新做人。"

第24节的翻译更加新奇巧妙。英文版是这样的："要将你的珍宝丢在尘土里，将俄斐的黄金丢在溪河石头之间，全能者就必为你的珍宝，做你的宝银。"法语版则写道："将黄金丢进尘土，将俄斐的黄金混入河中卵石之间，全能者必为你的金银珍宝。"

这些段落告诉我们，如果人们仅仅依赖肉眼可见的财富，倒不如把它们全部抛弃。因为物质上的财富总有消耗殆尽的一天，只有精神的富足才能创造源源不断的财富。

一位朋友曾给我讲过一个故事。一个牧师来到法国参观一所女子修道院，这里收养了很多儿童。其中一名修女绝望地告诉牧师，他们没有足够的食物，修道院里收养的孩子们只能忍饥挨饿。她说修道院的资产只剩下一枚银币（价值相当于 25 美分），孩子们需要食物和衣服。

牧师说："把那枚银币给我吧。"

修女把仅剩的一枚银币交给牧师，牧师将银币扔出窗外。

"现在，"他说，"不要去想你们只有一枚银币了，想想你们还有哪些看不见的财富。"

修女们很快明白了牧师的意思，开始齐心协力举办募捐会和义卖会，用各种方法筹集资金，终于拥有了足够的食物和补给。

这个故事的寓意不是让我们扔掉手中的钱，而是教给我们不能过度依赖现有的物质财富。你真正应该依赖的是看不见的财富，即天马行空的想象和取之不竭的智慧。

我将在律法的保护之下创造众多财富。

第 10 章

永不匮乏

一首古老的诗篇告诉我们，如果我们拥有坚定的意志，就能战胜困难，自给自足。明白了这一点后，无论我们想要什么，都能用自己的力量将愿望变成现实。我们永远不会感到匮乏。

一位女士某天突然醒悟了这个道理："创造力是我的牧者，我必不至缺乏。"她仿佛拥有了取之不尽的能量。她不再依赖外界条件，而是用自己的力量创造条件，她感觉自己超脱了过去的限制。

她从日常生活中的一件小事得到了启示。当时她立刻需要用到一些大号回形针，但没有时间去文具店购买。

她想找其他人帮忙，但在随手打开一个很少用到的盒子时，她在盒子里发现了十几颗大号图钉。她灵机一动，用图钉制作了回形针，解决了问题。在这之后，她不断地发挥创造力，成功处理了许多燃眉之急。从此，她便坚信自己不会再陷入匮乏的境地。

很多人没有意识到创造力其实就在每个人心里。我们确实不应该在有需要时才请求他人赐予我们财物。真正的能力是在每天的生活中培养坚定的意志，从自身汲取力量并将其转化为创造力。理解了这个道理之后，无论我们想要什么或需要什么，我们都能通过自己的努力得到它。

只要我们能够从自身汲取能量，便没有必要因为担心陷入贫困而囤积财物了。这并不代表你不能拥有银行账户和进行投资，这只是意味着你不再需要依赖外部条件。如果你在某个领域遭受损失，你仍可以通过自己的力量从其他领域弥补你所失去的东西。你的谷仓将永远装满粮食，你杯中的茶水也会永远满溢。

那么，人们要如何与这种看不见的补给建立联系呢？我们首先要有一个坚定的目标，然后开始努力将它变成现实。这并不是只有少数人才能掌握的超能力，每个人的内心都有一个守望者。人类自身的创造力便可以满足每个人的需求，人是自身意志的执行者，正如古代智者所说的："我与法原为一。"我们可以这样理解这句话：我贯彻着宇宙的法则，创造力是法则的体现。

只有当一个人与这条创造性原则失去联系时，他才会感到匮乏。我们必须全心全意地相信自己的创造力，创造力这一纯粹的智慧为我们提供了致富的方法。

消极思维与积极意志发生冲突，时常会造成心灵的短路。只有相信自己，才能重新接通富有创造力的心灵回路。

大多数人时常处于忧虑和恐惧的状态，他们感觉周围没有任何可以依靠的东西。一位女士对心理治疗师说："我只是一个不幸的女人，除了我自己之外没有任何人支持我。"治疗师对她说："如果你得到了自己的支持，便不需要担心了，因为你有力量改变自己的人生。"

一位女士曾哭着给我打电话说："我实在太担心经济形势了。"我回答："外界的形势总是瞬息万变的。无论外界如何变化，你都可以用同样平稳的心态去面对。内心获得了平衡，你便会知道自己应该怎么做，不必再为贫穷的可能性而惶惶不安。"

一位事业有成的商人曾说过："大多数人的问题在于，他们习惯于依赖特定的外部条件，没有足够的想象力来开辟新的渠道。"

几乎每个了不起的成就都是建立在失败的基础上。

我听说过一个故事，木偶戏表演者埃德加·贝尔根失去了在百老汇的工作，因为木偶戏在百老汇已经失去市场了。他的朋友诺埃尔·科沃德帮他联系上了鲁迪·瓦利的电台节目，埃德加·贝尔根与合作者查理·麦卡锡通过这个节目而一夜成名。

我在互助会上讲过一个故事，有一个人因为长期过着贫穷的生活而逐渐丧失了生存的意志，最终他选择了轻生。就在他去世的几天之后，一封寄给他的信中写道，他继承了一大笔遗产。

互助会的一位成员听完这个故事后说："当你彻底绝望时，也不要放弃，或许再过三天你的生活就会发生转机。"是啊，不要被黎明前的黑暗吓倒。

　　偶尔展望光明的未来是一件好事，这让我们记住黎明总会到来。我想起几年前的一段经历。我有一位朋友，她住在布鲁克林的展望公园附近。她喜欢做一些与众不同的事情。有一回，她对我说："来我这里吧，我们可以早起去展望公园看日出。"

　　一开始，我拒绝了她的邀请。后来我突然有了去看日出的冲动，我意识到这也许会是一段有趣的经历。

　　那时正值夏天。我们在清晨4点钟起床，我与朋友和她的小女儿一同出发。外面一片漆黑，我们走在街上，朝着展望公园前进。

　　几个警察好奇地打量我们，我的朋友郑重地对他们说："我们要去看日出。"警察对这个回答没有异议，于是放我们通行。我们穿过公园，来到了美丽的玫瑰园。

　　东方出现了一缕粉色的微光。突然，我们听见了一阵巨响。我们离动物园很近，园里的所有动物都在迎接黎明的到来。

　　狮子和老虎在咆哮，土狼在长啸，尖叫和吼声此起彼伏，每一只动物都在发表着感言，新的一天就要开始了。

　　这确实是最鼓舞人心的景象。阳光倾斜着从树叶间洒下，一切都笼罩在神秘的光辉之下。

　　随着天色越来越亮，我们的影子从身后转移到了身前。新的一天开始了！

经过漫长的黑暗之后，我们每个人都感受到了黎明的美好。

对你来说，象征着成功、幸福和富裕的黎明也终将到来。

每一天都很重要，有一首美妙的梵文诗写道："因此，让我们好好把握今天，这是黎明的致意。"

如今，你是自己的守望者！如今，你不再感到匮乏，因为你和宇宙的法则已经融为一体。

一首关于安全感的诗歌写道："少壮狮子还缺食忍饿，但相信自己的，什么好处都不缺。"相信自己意味着我们必须主动迈出第一步。自救者，天固救之。如果你为自己的愿望做好充足的准备，并对未来充满期待，那么好运自然会降临在你身上。如果你想要成功，内心却觉得自己一定会失败，那么这种消极悲观的态度将为你招来厄运。

在前文中我提到过的一个朋友曾请我帮他想办法解决债务危机。在接受了心理治疗之后，他说："我正在思考如果我没有钱还债，应该对债主说什么。"他还没有开始付出努力，便已经在为失败找借口，这样的态度是很难解决危机的。如果你对自己没有信心，那么一场心理治疗也很难帮到你，只有怀着信念和期待才能在潜意识中刻下成功的印记。

潜意识是你的守望者，失衡的潜意识需要用正确的理念加以恢复。

你所深刻感受到的情绪无论是积极还是消极的，都将烙印在你的潜意识中，并在日常生活中得以显现。如果你坚信自己一无是处，你便会时常碰壁，除非你改变心态，开始用成功的信念来影响潜意识。

来参加互助会的一位朋友说我在她即将离开的时刻给了她信心，"你脚下的土地就是丰收地"。她的生活一直很乏味，直到这句话带给她灵光一闪的启发。"丰收地，丰收地……"这几个字不断在她的脑海中回响。她开始改变看待生活的态度，于是她立即发现了过去没有发现的快乐。

我们之所以需要用积极的话语来鼓励自己，是因为重复的话语可以加深潜意识中的印象。一开始，我们很难控制自己的想法，但我们可以控制自己的言语。正如先贤所说的："要凭你的话定你为义，也要凭你的话定你有罪。"

每一天，我们都要选择正确的言语，也要选择正确的思想。

想象力是创造的源泉。想象力带来了生活中的各种问题。我们每个人都可以从想象力的银行中提取自己所需要的东西。

让我们想象自己富有、健康和快乐的样子吧，想象我们的一切事务都井井有条，并用无限的智慧将想象变为现实。

想象力是鲜为人知的武器，它能打开意想不到的通道。

诗篇中写道："在我敌人面前，你为我摆设筵席。"这句诗意味着你的怀疑、恐惧和仇恨为你创造出不利的情形，但早有一条出路在等着你。

你是自己的守望者，你永不匮乏。

第11章

期待奇事

"奇事"和"奇迹"等词语经常在诗歌和寓言中出现。"奇事"一词在字典中的定义是"奇怪的、奇特的事"。

奥斯宾斯基（Ouspensky）在《第三工具》（*Tertium Organum*）中将四维世界定义为"充满奇迹的世界"。他用数学方法证明了完美领域的存在。

我们可以这样说："首先，你要找到属于你的奇妙世界，一切好事便会随之而来。"为了找到这个奇妙的世界，我们必须保持积极的精神状态。

先哲说，为了进入奇妙的国度，我们必须成为孩童一般天真无邪的人。小孩子总是处于快乐和惊奇的状态。

未来充满着意想不到的好运。任何事情都可以在一夜之间发生。

罗伯特·路易斯·史蒂文森（Robert Louis Stevenson）在《孩子的诗歌花园》（*A Child's Garden of Verses*）中写道："世间充满了众多事物，我们一定都能像国王那般幸福。"

因此，让我们带着好奇观察眼前的世界吧。

我曾经错过一个机会，这令我意识到我应该更加专注于感受周围的一切，这样在好运降临时才不至于错失良机。每天早晨，我都会提醒自己："我要带着好奇去观察眼前的事物。"

一天中午，电话铃声响起，我忽然记起自己在早晨说过的话。这一次，我抓住了机会，我的期待有了回应。我没想到机会能够再度降临。

在互助会上，一位朋友分享了她的故事，这句话让她的意识中充满了喜悦与期待，也为她带来了极好的结果。

孩子们的心中总是充满了喜悦与期待，直到他们长大成人，不愉快的经历将他们赶出了奇妙的王国。让我们回想一下我们听过的消极观念："先吃坏掉的苹果，把好东西留到最后吃。""不要抱有太大的期待，这样一来你便不会失望。""人生在世不可能拥有一切。""童年是一生中最快乐的时光。""没有人知道未来会发生什么。"这些话会对孩子造成怎样的影响啊！

我还记得小时候的一些事。我在 6 岁时已经变得很有责任感，不再带着好奇心去观察眼前的一切，而是怀着恐惧和怀疑去看待生活。我觉得现在的自己比 6 岁时的我更年轻。

我保存着一张儿时的照片，照片上的孩子手中抓着一朵花，脸上却带着疲惫与无助的表情。

我抛弃了充满奇迹的世界。我活在大人告诉我的现实世界里，这个世界离奇迹很遥远。

如果一个孩子从出生开始便被教导用积极的态度面对人生，这样的孩子会是很幸福的。即便他们所学习的不是我所讲述的有关心灵法则的知识，他们的心中也会充满喜悦与期待。也许这样的孩子可以成为秀兰·邓波儿（Shirley Temple）和费雷迪·巴塞洛缪（Freddy Bartholomew）那样的童星，或者在 6 岁时便成为举办巡回演出的天才钢琴家，他们的前途不可估量。

现在，我们都回到了充满奇迹的世界。在这里，任何事情都可能在一夜之间发生，因为奇迹总是发生得很快。

所以，我们对奇迹的感知需要变得更加敏锐。我们要为奇迹的降临做好准备，并心怀期待，这样才能将奇迹引入我们的生活。

或许你需要的是财务上的奇迹。每个人的需求都可以得到满足。只要拥有坚定的信念、正确的言语和积极的认知，我们迟早能够得到自己想要的东西。

我可以举一个例子。我的一名学生几乎身无分文，她需要 1000 美元。她曾经拥有很多钱和华丽的首饰，如今她失去了一切，只剩下一条貂皮围巾，可是这条围巾在所有皮草商人那里都换不来多少钱。

我鼓励她，在恰当的时机，这条围巾一定可以卖出好价钱，或者她能通过其他方式筹到需要的资金。她没有时间浪费在担心和焦虑的负面情绪上，因为她现在就需要得到这笔钱。

那是一个下雨天，她站在街上。她没有灰心丧气，而是不断地给自己信心。突然她有了一股强烈的直觉，她对自己说："我要打一辆出租车，我要以此证明我对未来的信心。"下了出租车之后，一位女士正站在她的目的地等着她。

这位女士是她的一位老友，她的朋友非常善良。这是她人生中第一次搭乘出租车，因为那天下午她自己的车坏了。

她们聊了一会儿后，我的朋友提到了那条貂皮围巾。那位女士说："哦，我愿意出 1000 美元买下它。"当天下午，她便收到了支票。

命运是奇妙莫测的，但我们可以选择用怎样的态度来面对它。

有一天，我收到了一位学生的来信。她在信中告诉我，她用这句话来鼓励自己："命运是奇妙莫测的，但我们可以选择用怎样的态度来面对它。"她经历了一系列意想不到的事件，最终达成了她想要的结果。她在信中感叹宇宙法则的奇妙。

好运时常在转瞬之间降临。在宇宙法则的作用下，每件事都在恰好的时机发生。

我的学生搭上的出租车刚好停在可以帮助她的女士面前，假如晚一秒钟，也许她便坐上另一辆出租车了。

人们能够做的是保持敏锐的直觉，对周围的世界保持好奇心和探索欲。

诗歌的精华是音乐式的冥想，有一首古代诗篇将这种精华描绘得淋漓尽致。我们不仅从中看到了古代以色列人的生活，也看到了现代生活的方方面面。

诗篇也是关于人的记录。这首诗歌描述了一个陷入绝望的人的心路历程。当他开始凝视自己的力量时，他便重新拥有了信念和自信：

> 我要向至高者发声呼求；
>
> 我向至高者发声，他必留心听我。
>
> 我在患难之日寻求他，
>
> 我在夜间不住地举手，
>
> 我的心不肯受安慰。
>
> 难道他要永远丢弃我，
>
> 不再施恩吗？
>
> 难道他的慈爱永远穷尽，
>
> 他的应许世世废弃吗？
>
> 难道他忘记开恩，
>
> 因发怒就止住他的慈悲吗？
>
> 我便说："这是我的懦弱，
>
> 但我要追念至高者显出右手之年代。"

我要提说你所行的，

我要纪念你古时的奇事；

我也要思想你的经营，

默念你的作为。

你的作为是洁净的，

你是行奇事的至高者。

你曾用你的膀臂赎了你的民。

这首诗歌描绘了内心坚定的人在面对困难时的心理状态。他不断地抵御着怀疑、恐惧和绝望的攻击。

这时，真理便会涌入他的意识。他想起自己已经战胜过的其他难关，这令他坚定了对自己的信念。他想："我在以前能够做到的事，现在依然可以做到！"

不久前，一位朋友对我说："如果我不相信自己可以解决眼前的困难，那么我简直太愚蠢了。奇迹已经发生过很多次，我知道奇迹仍会降临！"

所以，这首诗篇的主旨是：无论过去、现在还是未来，宇宙的法则永远不会抛弃我们。我们始终以惊异的目光去看待这个世界，奇迹总会降临。

当你想起过去所拥有的成功、幸福和财富时，你便会感到心中充满希望。很多失败都是由消极的态度造成的，对失败的恐惧钻进了你的意识里，你带着沉重的负担去战斗，你无法守住内心的平衡，你的脑海中充满了凌乱的思绪。

然而，你可以在转瞬之间重新找回平衡的自我，正如东方人所说的，"属于你的一切都不会平白消失"。

儿童的脑海中总是充满了好奇，我们应当回到童年的心理状态，但要当心不能迷失在童年的回忆里。

我认识的一些人整日怀念美好的童年。他们沉浸在回忆里无法自拔，甚至记得自己在小时候曾穿过的衣服！那时，天空是那么蔚蓝，草地是那么青翠，这样单纯美好的日子如今却一去不复返了。现在他们只能怀念过去，却因此而错过了眼前的机会。

我有一个朋友，她小时候生活在一个城镇里，之后她搬到了另一个城市。她总是回想起最早生活过的那栋房子。在她的记忆里，那栋房子是一个宽敞明亮、金碧辉煌的乐园。

多年以后，她长大了。她找到一个机会重新回到小时候的房子里。她的幻想破灭了，她发现那只是一栋狭窄丑陋的小房子。最令她难以接受的是，前院里放着一颗丑陋的狗头钉。她发现自己对美的概念已经完全转变了，这里的一切不再带给她美妙的联想。

如果你尝试回忆自己的过去，就会发现记忆中的事物与现实往往有所差别，就像我的朋友在院子里看到的狗头钉一样。

她的姐姐向我讲述了她是如何沉浸在过去的。大约在她 16 岁那年，她在国外遇见了一个英俊而又浪漫的年轻人。他是一名艺术家。这段浪漫的邂逅并没有持续很长时间，但她总是对后来的丈夫提起这个年轻人。

几年过去了，那个英俊、浪漫的年轻人成了颇有名气的艺术家，他来到美国举办画展。我的朋友很兴奋，她想要重续二人之间的友谊。她来到了他的画展，却看见一个身材肥胖的商人，眼前这个中年人的身上竟没有留下一丝过去那个英俊、浪漫的年轻人的痕迹！当她把这件事告诉自己的丈夫时，他只说了一句话："就像那颗狗头钉一样。"

记住，现在就是最好的时机！今天就是属于你的一天！你的好运可能在一夜之间悄然而至。

让我们用好奇的目光打量这个世界吧。我们的心中都怀有对美好事物的期待，我们要做的便是看穿破败的表象，恢复事物本来的美好样貌。

让我们一起想象那些看似难以得到的美好事物吧，那或许是健康、财富和幸福，或许是完美的自我实现。我们无须为了如何拥有这些美好事物而感到焦虑不安，我们只需要感激自己已经拥有的一切，跟随内心的指引，平衡的身心总会引导我们实现目标。当我们对自身和外界都保持敏锐的观察时，顷刻之间，我们便会到达属于自己的乐园。

我用好奇的目光观察眼前的世界。

第12章

抓住好运

抓住好运！在好运降临之前，我们首先要自己去创造成功的条件。

好运往往在人们意识到之前便已经有了征兆。但我们要如何抓住好运呢？我们必须耳聪目明，听到并看到好运的蛛丝马迹，否则它便会从你面前溜走。

有些人永远都抓不住生命中的好运。他们会说："我的人生总是充满了困难，好运从未降临在我身上。"他们要么对好运视而不见，要么因为懒惰而错过了抓住好运的时机。

一位女士告诉她的朋友们，她已经三天没有吃东西了。朋友们急忙到处求人给她一份工作，但她却拒绝了。她解释说自己从不在中午

12 点之前起床，她喜欢躺在床上看杂志。

她只是希望在她浏览《服饰与美容》和《时尚芭莎》的时候，朋友们可以支持她。我们必须当心，不能像这位女士一样陷入懒惰的心理状态。我们可以自我暗示："我时刻保持清醒，准备迎接好运，我从不错过时机。"大多数人对好运不够敏感。

一名学生对我说："当我不跟随直觉走的时候，我总是四处碰壁。"

我有一位学生，她跟随直觉的指引而收获了美妙的结果。

住在附近城镇的朋友邀请她前去拜访。她的手头很拮据。当她到达目的地时，她发现朋友的房门上了锁。她的朋友们已经离开了。她感到不知所措，但她没有被消极情绪压倒，她在心中默念："无尽的宇宙智慧，给我一个明确的指示吧，让我知道该怎么做吧！"

她灵机一动，脑海中突然浮现出一家旅馆的名字，这个名字挥之不去，仿佛用加大的字体印在她的脑海里一般。

她手里的钱刚好只够她返回纽约。她来到那家旅馆，刚准备进去，一位老朋友突然出现在她面前。这位朋友热情地跟她打招呼，她们已经有很多年没有见过面了。

朋友说自己正住在这家旅馆里，但有事要离开几个月，并说："我不在的这段时间，你就住在我的房间里吧，你不需要花一分钱。"

我的朋友怀着感激的心接受了对方的好意，宇宙的法则就是如此奇妙。她跟随自己的直觉，于是抓住了好运。

人类社会的一切进步都出于人类自身的需求。法国博物学家拉马克提出的需求理论认为，鸟类可以飞翔不是因为它们有翅膀，鸟类之所以拥有翅膀，是因为它们想要飞翔。需求推动着结果的产生。

我们要用清晰的视野来看待思考的力量。许多人大部分时间都处于一头雾水的状态，他们总是做出错误的决定或者选择错误的道路。

在圣诞节期间，我的保姆对一家大商店里的售货员说："我猜这是你一年中最忙碌的一天。"对方回答："不！圣诞节的第二天才是最忙的一天，因为大部分圣诞礼物都会被退回来。"

由于不擅长聆听别人的话，许多人误判了家人和朋友的喜好而选择了不合适的礼物。圣诞节过后，这些不合适的礼物便都被退还了。

无论你在做什么，你都可以寻求内心的指引。灵感可以帮助我们节约时间和能量，也能帮助我们避免混乱的生活。

一切痛苦都源于对直觉的违背。除非人们用直觉来指引自己努力的方向，否则往往会白费力气。

如果你能养成习惯，努力培养自己的感知能力，你便能一直走在正确的道路上。

在心灵法则的指引下，我们将还原事物本来的样貌。一切事物在宇宙法则中都存在着完美的理念，完美理念通过强烈的需求而得以外化为实体。

在宇宙法则中，鸟的理念是完美的。鸟类为了满足生存需求而不断进化，逐渐演变成为如今的样子。

你的需求会像鸟儿对翅膀的需求那样促使你不断进化吗？我们都可以通过努力而让看似不可能实现的事情成为现实。

我经常这样鼓励自己："意想不到的好事总会发生，意料之外的惊喜马上就会降临在我身上。"

不要放大困难，而是要放大自己的信念和力量。

平庸之人会被阻挡好运降临的障碍困在原地。你所关注的事物会对你造成影响，如果你把全部的注意力放在困难和障碍上，那么它们会变得越来越难以战胜。你应该做的是专注于自身。遇到困难时，我们可以不断默念这句话："困难只是暂时的，事情没有看起来那么糟糕。"

积极思想所蕴含的力量虽然无法用肉眼看到，却是无坚不摧的。

我们必须透过表象看到事物的本质，这样才能让好运降临。你要找到能让你感到安心的话语，我经常这样提醒自己："宇宙的法则对每个人都是平等的，我可以控制事态并保护自己的利益。"

有一位商人即将接受一个恶名昭著的记者的采访。他向我寻求帮助，我用这句话鼓励了他。他用积极的态度面对记者，对方便没有再为难他，这次采访最终有了公正的结果。

一首动人的诗歌写道："所盼望的迟延未得，令人心忧；所愿意的临到，却是生命树。"

强烈的、不带焦虑的愿望会使我们越来越接近所渴望达成的目标。通过自身的努力，我们的愿望迟早会化为现实。"我将实现心中合理的渴望。"

自私的愿望与对他人造成伤害的愿望总是会反噬到自己身上。

合理的愿望是心灵的回音。在宇宙的法则下，这些愿望永远是完美理念的体现。

所有发明者都深刻地领悟了他们所发明的事物的理念。我在前文中提到过，贝尔发明了电话，从另一个角度来看，电话也在等待被发明出来。

经常有两位发明家同时发现了同一种事物，这是因为他们都领悟了同一种理念。

生命中最重要的事情，就是实现完美自我的使命。

正如橡子中包含着完整的橡树基因，你的潜意识里也蕴藏着你人生的蓝图，你必须在日常生活中拼凑出这幅完美的蓝图。在那之后，你将拥有奇迹般的人生，因为在宇宙的法则下，一切理念都是永恒而完美的。

当人们对眼前的幸运浑然不觉时，便是在违抗完美的人生蓝图。

还记得我们提到过的那位喜欢整天躺在床上看杂志的女士吗？也许她的人生使命是成为杂志专栏作家，但她的惰性使她丧失了一切努力进取的欲望。

渴望进化出翅膀的鱼一定是生机勃勃的，它们不可能像那位女士一样懒洋洋地躲在海底阅读时尚杂志。

沉睡的人啊，醒来吧，你的好运即将到来！

现在，我抓住了属于我的好运，在我求告之前我便得到了回应。

第13章

在沙漠开江河

许多古代诗歌和传说描述了古代英雄们所具有的巨大潜能，这股力量会在人陷入危机时拯救他们。无论他们的处境看起来有多艰难，他们都能凭借自身的力量找到出路。

当人与宇宙的力量和谐共存时，人便不再受到拘束。这股潜力隐藏在每个人身上，我们可以在任何时候唤醒它。

与无限的智慧建立联结后，内心的力量便能帮助我们识破一切邪恶的表象，这些表象往往来自人们的胡思乱想。

在我的问答课上，经常有学生问我如何与无限的智慧建立联结。我的回答是："你可以通过你的言语接近无限的智慧。"恰当的言语可以为你正名。

匮乏的思想一直在奴役着我们，其中包括爱情的匮乏、金钱的匮乏、友谊的匮乏和健康的匮乏等。人们也被冲突和残缺的理念所奴役。在传说中，亚当吃了智慧树的果实而看到了善与恶的两种力量，许多人仿佛被困在亚当式的梦境里。我们的任务是从梦境中醒来，接受善的力量。

如果你心中缺乏任何一种善的理念，这说明你仍然被困在亚当式的梦境里。人类已经在充斥着世俗思想的梦境里酣睡了太久，我们要如何从亚当式的梦境里醒来呢？

古代哲人说："当你们之中有两个人达成共识时，事情就成了。"这便是共识法则。

个人的力量是有限的，很多情况下我们很难分辨究竟什么才是对自己有益的选择。这时，心理治疗师、医生和朋友便可以为我们提供帮助。

大多数成功男人都把自己的成就归功于妻子对他们的信任。

我在一份报纸上看到克莱斯勒汽车公司创始人沃尔特·P. 克莱斯勒（Walter P. Chrysler）献给妻子的一篇文章。他曾说过："在我的一生中，没有什么比妻子对我的信任更令我感到满足。这份宝贵的信任自始至终都未发生过动摇。"克莱斯勒是这样描述妻子的，"没有人能理解我的野心，除了我的妻子黛拉（Della）。当我对她讲述我的想法时，她便会颔首表示认同。我甚至敢告诉她，将来我打算成为一名机械大师。"妻子总是支持他的野心，而他也没有辜负妻子的期待。

尽管他人的鼓励和建议可以帮助我们进步，我们仍要尽量避免过多地谈论有关自己的事情。如果你想倾诉，就只对能够给你鼓励和启发的人倾诉你的烦恼吧。这个世界上充满了令人扫兴的人，他们总是对你说："你做不到，你的目标太高了。"

在我举办的互助会上，学生们经常会因为一句话或一个想法而得到启发，在旷野中开辟新的道路。

当你陷入愤怒、仇恨、恐惧和犹豫的心理状态时，你的心灵便失去了平衡。你会感觉自己仿佛置身于沙漠或荒野之中。优柔寡断的心理状态不仅会影响我们的决策能力，也会影响我们的身体健康。

有一天，我搭乘了一辆巴士。到了某个站点，一位女士询问驾驶员这辆车的终点站是哪里。驾驶员告诉她后，她却犹豫不决，一会儿上车，一会儿又下车。反复了几次之后，驾驶员对她说："女士，请你拿定主意！"

许多人都像这位女士一样，很难做出决定。

拥有敏锐的直觉力的人永远不会优柔寡断。他在得到明确的线索后便会勇往直前，他知道自己正走在一条充满奇迹的道路上。

身心平衡的人总是可以获得明确的指引，只要你提出要求，便能得到回应。这些线索有时来自你的内心，有时来自外界。

我的学生艾达有一天走在街上，她不知道是否应该前往她的目的地，于是她在心中默默请求得到一个线索。有两位女士走在她前面，其中一位女士对另一位说："你还是去吧，艾达。"那位女士的名字刚好和她一样，我的学生认为这就是给她的线索，于是前往了目的地，并得到了满意的结果。

我们活在充满奇迹的世界里。假如我们认真去聆听和观察，就会发现人生之路的每一步都藏有线索和指引。当我们向潜意识寻求答案时，内心的声音便会告诉我们："朝这个方向走吧。"

你所应当知晓的都会得以彰显，你所缺乏的都会得到补给。"你在沧海中开道，在大水中开路。"

"你们不要纪念从前的事，也不要思想古时的事。"

活在过去的人与此刻的美好切断了联系，好运只会在当下发生。现在就是命中注定的时刻，今天就是属于你的完美一天。

许多人过着处处受限的生活，他们不断地囤货和存钱，不敢使用已经拥有的东西。这种做法却令他们更加贫困和受限。

有一位女士住在一个乡间小镇。她很贫穷，并且视力很差。一位好心的朋友带她去验光并送给她一副眼镜。戴上眼镜后，她便能看得很清楚了。过了一段时间，朋友在街上遇见她，发现她并没有戴眼镜，朋友问："你的眼镜呢？"这位女士回答："你总不能指望我每天都戴着它吧，这样会把它弄坏的。我只在星期日戴眼镜。"

你必须活在当下，并敏锐地抓住机遇。

"看哪，我要做一件新事，如今要发现，你们岂不知道吗？我必在旷野开道路，在沙漠开江河。"这段话为个人提供了指引。当我们思考自己所面对的问题时，我们知道在无限的智慧里存在着完美的解决方案。在我们召唤之前，我们已经得到了回应。每一种需求在出现之前已经得到了满足。

我们是自己的给予者，也是自己的礼物。我们会为自己开辟新的道路。

当你对人生的完美蓝图心怀渴望时，你便已经得到了保护，在完美蓝图之外的事物将无法对你造成伤害。

也许你会误以为人生的所有幸福都取决于能否拥有某个特定的事物。之后你会明白，即使没有它你也可以实现完美的自我。

有时，你会受到各种世俗观点的干扰而怀疑内心的直觉，但命运之手总会将你推向正确的位置。你将沐浴在恩典下，重新回到充满奇遇的旅程中。

现在，你已经清醒地意识到自己拥有的好运，你拥有可以听见心声的耳朵，以及可以看见成就之路的双眼。

我的天赋得到了释放，现在我达成了使命。

第14章

《白雪公主和七个小矮人》的寓意

在《格林童话》里，有一个故事叫作《白雪公主和七个小矮人》。这个故事被迪士尼公司改编为动画并风靡纽约乃至全美。童话本来是写给孩子们看的故事，如今，大人们也纷纷前往电影院欣赏这个故事。这是因为童话来源于波斯、印度和埃及等古老文明的神话传说，这些传说中往往蕴藏着普世的真理。

白雪公主有一个恶毒的继母，继母十分妒忌她的美貌。恶毒继母的原型在童话《灰姑娘》中也出现过。

几乎每个人都拥有一个"恶毒的继母"，这个角色象征着你在潜意识里建立的消极思想。

白雪公主的继母妒忌她，总是苛待她，对她不理不睬。所有恶毒的继母都在做这样的事情。

继母每天都会对一面魔法镜子问道："镜子啊镜子，谁是世界上最美丽的人？"有一天，镜子回答她："王后，您是十分美丽的，但白雪公主比您更美丽。"镜子的话激怒了王后，于是她决定让一个侍从把白雪公主带进森林，并在那里杀掉她。然而，当白雪公主请求侍从不要杀害自己时，这名侍从心软了，于是他没有完成任务便离开了，白雪公主独自留在森林里。森林里充满了可怕的野兽，到处都是陷阱和潜在的危险，她害怕地瘫倒在地上。就在这时，出现了不可思议的景象。一群快乐的小动物围在她身边，其中包括兔子、松鼠、小鹿、海狸和浣熊等。白雪公主睁开眼睛，高兴地跟小动物们打招呼。小动物们都很友好，眼前的一切对她来说充满了吸引力。她讲述了自己的经历，小动物们带她来到一栋小房子前，这栋房子成了她的家。这些友好的小动物象征着我们的直觉和预感，它们随时准备带领我们走出黑暗的森林。

这栋小房子就是七个小矮人的家。屋子里到处都是乱糟糟的，于是白雪公主和小动物们开始打扫房间。小松鼠用尾巴除尘，小鸟晾衣服，小鹿的鹿角被用来挂帽子。七个小矮人结束了淘金的工作回到家中后，发现了家里的变化，并且发现白雪公主躺在一张床上睡着了。第二天早晨，她醒来后讲述了自己的故事，并决定留下来帮小矮人们整理房间和做饭。她过得很开心。七个小矮人象征着在无形中保护着我们的力量。

与此同时，恶毒的继母询问镜子谁是最美丽的人，镜子告诉她："在山对面树林的阴影下，白雪公主正躲在七个小矮人的家里。她比您更美丽。"王后怒不可遏，她扮成一名老妇人的模样，准备用毒苹果害死白雪公主。她在七个小矮人的家里找到了白雪公主，用又红又大的苹果诱惑白雪公主。小动物们连忙劝白雪公主不要碰这个苹果。它们慌慌张张地四处乱跑，试图以此让她灵光一闪，察觉到苹果有毒。然而白雪公主无法抵挡这个苹果的诱惑，她咬了一口苹果，然后便昏死过去。所有小动物急忙冲了出去，它们要去寻找七个小矮人来救她。可惜太晚了，公主已经了无生机。大家都难过地低下了头。这时，王子忽然出现了，他亲吻了白雪公主，公主竟然复活了。王子和公主举行了婚礼，从此永远幸福地生活在一起。恶毒的王后则被一场强烈的风暴卷走了，陈腐的思想永久地消散了。王子象征着你人生的理想蓝图。当它唤醒你时，你将永远过上幸福的生活。

这便是风靡纽约和全世界的童话故事。它告诉我们，要找出"恶毒的继母"在我们的潜意识里留下的消极思想。这些消极思想正在荼毒我们日常生活的方方面面。

我们常听到有人说："我的幸运总是降临得太迟。""我错过了太多机会！"我们必须逆转思路，反复告诉自己："我时刻准备迎接好运，我从不错失良机。"

我们必须战胜恶毒的继母对潜意识的荼毒。只有永远保持警惕，才能从消极思想的桎梏中获得解放。所以，当你感到消沉时，请告诉自己：

没有任何事物能阻碍我实现人生的完美蓝图。

无尽的光明洒在我前进的道路上，照亮我的成功之路！